Dossiers n° 3

Recherches amérindiennes au Québec

Sous la direction de
Huguette Bouchard

Sciences et Sociétés Autochtones partenaires pour l'Avenir

Sciences et Sociétés autochtones
Partenaires pour l'avenir

Sous la direction de Huguette Bouchard

Sciences et Sociétés autochtones
Partenaires pour l'avenir

Recherches amérindiennes au Québec

Montréal
1997

Collection Dossiers n° 3

Données de catalogage avant publication (Canada)

Association canadienne-française pour l'avancement des sciences. Section Études amérindiennes. Colloque professionnel (1995 : Université du Québec à Chicoutimi)

Sciences et sociétés autochtones : partenaires pour l'avenir : ACFAS-95, Colloque professionnel de la Section Études amérindiennes

(Collection Dossiers ; 3)

Textes présentés lors d'un colloque organisé dans le cadre du 63e Congrès de l'ACFAS, tenu à l'Université du Québec à Chicoutimi, du 22 au 26 mai 1995.

Comprend des réf. bibliogr.

ISBN 2-920366-20-3

1. Indiens d'Amérique - Amérique du Nord - Conditions sociales - Congrès. 2. Indiens d'Amérique - Québec (Province) - Conditions sociales - Congrès. 3. Indiens d'Amérique - Santé et hygiène - Amérique du Nord - Congrès. 4. Femmes autochtones - Amérique du Nord - Congrès. 5 Indiens d'Amérique - Éducation - Amérique du Nord - Congrès. 6. Indiens d'Amérique - Amérique du Nord - Identité ethnique - Congrès. I Bouchard, Huguette. II. Recherches amérindiennes au Québec (Association). III. Titre. IV. Titre: Congrès de l'Acfas (63e : 1995) : UQAC). V. Collection: Collection Dossiers (Recherches amérindiennes au Québec) ; 3.

E98.S67A86 1995 305.897 C96-941468-4

Dépôt légal Premier trimestre 1997
Bibliothèque Nationale du Canada
Bibliothèque Nationale du Québec

6742, rue Saint-Denis
Montréal (Québec)
H2S 2S2 Canada
Tél.: (514) 277-6178

SCIENCES ET SOCIÉTÉS AUTOCHTONES, partenaires pour l'avenir

Table des matières

Présentation du colloque Dix ans après

Huguette Bouchard*

L'Association canadienne-française pour l'avancement des sciences (ACFAS) présentait, du 22 au 26 mai 1995, son 63e congrès à l'Université du Québec à Chicoutimi.

Depuis 1970, l'Université du Québec à Chicoutimi via le secteur des études amérindiennes a fait siennes les motivations des Amérindiens du Québec notamment en ce qui concerne la formation académique, par la mise en place d'un bon nombre de programmes d'enseignement. Avec la création du Centre d'études amérindiennes en janvier 1991, l'Université du Québec à Chicoutimi intensifiait sa participation à la prise de contrôle par les autochtones de leur devenir culturel, éducatif, social, économique et politique.

Au moment de la 53e édition de l'Association canadienne-française pour l'avancement des sciences (ACFAS), au printemps 1985, une première participation de la section des études amérindiennes à ce congrès était réalisée. La réponse des Amérindiens y avait été enthousiaste; ils avaient été nombreux à assister aux conférences de la section et à participer activement aux discussions.

Cet intérêt pour l'ACFAS de la part des communautés amérindiennes rendait imminent le moment où leur participation audit congrès deviendrait plus active. Pour le 63e congrès de l'ACFAS qui aurait lieu à l'UQAC, la direction du Centre d'études amérindiennes se devait, en collaboration avec les dirigeants en éducation des communautés amérindiennes qu'elle dessert, de proposer une participation amérindienne accrue.

Dans ce but, la direction du Centre d'études amérindiennes convoquait, dès le printemps 1994, les membres amérindiens de ses conseils pédagogique

---

* Huguette Bouchard est directrice du Centre d'études amérindiennes à l'Université du Québec à Chicoutimi et présidente de la section Études amérindiennes, ACFAS-95.

et de gestion. Cette réunion visait à déterminer les thèmes privilégiés par les Amérindiens eux-mêmes, en vue d'un colloque professionnel sous la direction de la section Études amérindiennes et des représentants amérindiens. Les sujets suivants y apparaissaient parmi les plus importants : les politiques et changements sociaux, la violence et la douleur dans les communautés, les problèmes de santé, les besoins de scolarisation et de spiritualité, le retour aux valeurs traditionnelles, les expériences de regroupement et l'autonomie amérindienne.

Le titre choisi pour le colloque professionnel a été « SCIENCES ET SOCIÉTÉS AUTOCHTONES, PARTENAIRES POUR L'AVENIR ». Le choix du président s'est arrêté sur Simon Awashish, chef de la communauté atikamekw d'Opitciwan et ex-directeur du Conseil de la Nation atikamekw.

Les principaux conférenciers sollicités pour le colloque furent :

BISSONNETTE, Alain, avocat et spécialiste en droit autochtone.

CHEEZO, Roy, Algonquin, conseiller au post-secondaire pour la communauté de Lac-Simon et membre du Conseil pédagogique du CEA de l'UQAC.

CÔTÉ, Carole, étudiante au doctorat en éducation et chargée de cours à l'UQAC.

GIRARD, Camil, chargé de cours et chercheur au Département des sciences humaines de l'UQAC.

GRAMMOND, Sébastien, avocat et spécialiste des questions autochtones.

HÉBERT, Léo-Paul, professeur au Cégep de Joliette et auteur de nombreux ouvrages publiés dans la collection Tekouerimat.

JOURDAIN, Francine, Montagnaise, psychologue pour la communauté de Uashat mak Mani Utenam et fondatrice de l'Association Innu Miniunemu.

KURTNESS, Jacques, Montagnais, docteur en psychologie, professeur à l'Université du Québec à Chicoutimi et négociateur pour les négociations territoriales des Montagnais (Mamu Itum).

LALANDE, Marc, ingénieur algonquin, employé du MAINC, cofondateur et président de l'Association canadienne autochtone en sciences et ingénierie (ACASI).

LAROSE, François, docteur en psychologie, spécialiste en éducation chez les Algonquins et professeur à l'Université de Sherbrooke.

MAILHOT, José, chercheure autonome, membre du Comité de rédaction de *Recherches amérindiennes au Québec*, également chargée de cours en didactique de la langue montagnaise à l'UQAC.

PAUL, Léonard, Montagnais, directeur de l'école secondaire de Betsiamites, étudiant au doctorat en théologie à l'UQAC, membre du conseil de gestion du CEA de l'UQAC et président du conseil d'administration de l'ICEM.

PHILIPPE, Johanne, Montagnaise et médecin généraliste à Mashteuiatsh.

PICARD, Yani, Huron-Wendat, étudiant au doctorat en physique médicale à l'Université McGill et stagiaire à l'Institut de neurologie de Montréal.

PICARD-KANAPÉ, Marcelline, chef de la communauté montagnaise de Betsiamites.

RAPHAËL-FORTIN, Marie, Montagnaise et coordonnatrice en éducation pour la communauté de Uashat mak Mani Utenam, membre du conseil pédagogique du CEA de l'UQAC.

VINCENT, Sylvie, chercheure autonome, auteure de nombreux articles sur les Montagnais.

VOLLANT, Stanley, Montagnais et chirurgien à l'hôpital de Baie-Comeau.

Remerciements

La direction du Centre d'études amérindiennes tient à remercier tout particulièrement :

La Direction générale des Affaires universitaires et scientifiques, volet Soutien aux membres des communautés autochtones, pour leur contribution financière à la réalisation de cet ouvrage;

Les conférenciers de la section Études amérindiennes à l'ACFAS-95, pour leur grande disponibilité, autant lors du congrès que lors de la révision des textes en vue de la publication;

L'équipe du Centre d'études amérindiennes, dont Micheline Blanchette, auxiliaire de recherche au Centre, qui a coordonné depuis le début la participation des conférenciers, la mise en page et la révision des textes;

L'équipe de rédaction de *Recherches amérindiennes au Québec,* pour son intérêt concernant la publication des Actes de l'ACFAS, édition 1995, de la section Études amérindiennes.

De gauche à droite : Monique Pinette, Réal Mackenzie, William Jourdain, Yvette Vachon, Élie-Jacques Jourdain

De gauche à droite : Nadine Rousselot, Anne St-Onge, Jean-Marie Vollant, Carmen Rock

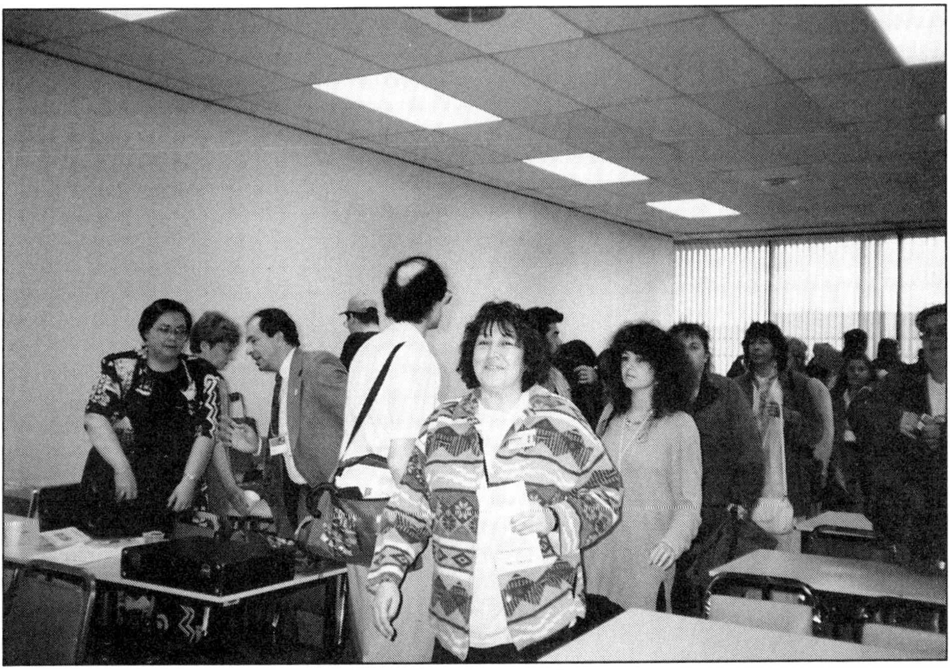

Groupe de congressistes

Groupe de congressistes

Le Centre d'études amérindiennes

À l'Université du Québec à Chicoutimi, **le Centre d'études amérindiennes** (CEA) existe officiellement depuis le 1er janvier 1991. Il détient des fonctions d'enseignement, de recherche et de gestion; il est rattaché au vice-rectorat à l'enseignement et à la recherche (VRER).

Le Centre est un secteur spécifique au service des Amérindiens inscrits aux différents programmes offerts par l'Institution, autant à l'intérieur des murs qu'à l'extérieur.

Ce secteur est dévolu non seulement à l'administration des dossiers, mais il vise surtout à répondre aux besoins et attentes des communautés, par le développement et la création de nouveaux programmes. Notons qu'une attention spéciale est donnée à l'encadrement, à l'accueil et au support des étudiants admis à l'UQAC[1].

Les objectifs généraux du Centre sont de développer des programmes de formation, de dispenser des activités d'enseignement et de réaliser des projets de recherche en étroite collaboration avec les communautés amérindiennes et d'en publier les résultats dans la collection Tekouerimat.

Les études amérindiennes et l'UQAC

Dès le début de la décennie quatre-vingt-dix, l'insertion des études amérindiennes dans la structure de l'UQAC se justifiait par **un double constat** :

D'une part, la reconnaissance des richesses de la culture amérindienne.

La diversité des langues d'origine asiatique (algonquine, iroquoienne et inuite) pratiquées par les autochtones, une éthique doublée d'une vision originale du monde où l'Amérindien vit en coévolution avec le reste de l'univers, les grandes leçons tirées de l'approche ethnohistorique et la production constante d'œuvres iconiques associées à des récits mythiques et des modes de vie particuliers (*atalukan* et *tipatshimun*) constituent les principaux fleurons de cette culture.

---

1 Université du Québec à Chicoutimi, *Profil de l'étudiant amérindien*, février 1990.

D'autre part, une prise de position très nette et récente des détenteurs de ce patrimoine.

Qualifié du terme « amérindianisation », ce phénomène implique une prise en charge individuelle et collective sur les plans du développement éducatif, économique, culturel et social. Ce comportement remet en cause toutes les attitudes traditionnelles régissant les rapports de type réflexif ou interventionnel entre Amérindiens et non-Indiens[2].

Devant ce double constat, l'Université a, dès le début de son mandat, apporté une réponse originale adaptée aux besoins d'une identité culturelle particulière, ainsi qu'à sa propre réalité organisationnelle. Elle a été appelée, notamment, à mettre en place un modèle de production, de transmission, de diffusion et de relations d'apprentissage convenant aux aspirations du groupe concerné.

Dans ce processus de mise en place de son intervention, l'Université a également tenu compte de la volonté et de la capacité évidentes des intéressés à s'y intégrer. Ce faisant, elle reconnaissait le fait que sa démarche vise des peuples aspirant à trouver leur voie par eux-mêmes et qui désirent y progresser d'une manière autonome.

La structure du Centre d'études amérindiennes

Outre le personnel du Centre, la structure interne du CEA comprend deux conseils : le conseil de gestion et le conseil pédagogique.

Le **conseil de gestion** a pour rôle de gérer les dossiers des étudiants, de planifier et réaliser des activités d'enseignement et de recherche. Il analyse et répond aux besoins des communautés amérindiennes en matière de formation et de recherche.

Le conseil est composé des membres suivants :

- la directrice du CEA qui en assure la présidence
- le doyen de la gestion académique
- le doyen des études avancées et de la recherche (ou son représentant)
- la registraire
- quatre (4) représentants des communautés amérindiennes.

Le **conseil pédagogique** est l'instance responsable du développement et du fonctionnement des programmes de formation offerts aux communautés amérindiennes. Il s'occupe de l'enseignement et en supervise la qualité. Il est formé des membres suivants :

- la directrice du CEA qui en assure la présidence
- le doyen des études de premier cycle (ou son représentant)

---

2 UQAC, *Plan triennal de développement, 1980-1983 / Études amérindiennes,* octobre 1980.

- quatre (4) représentants des communautés amérindiennes
- deux (2) représentants des étudiants amérindiens inscrits aux programmes de l'UQAC
- trois (3) représentants du personnel enseignant au CEA.

Programmes sous la responsabilité du CEA

Certificat en sciences de l'éducation

L'objectif du certificat est de rendre l'étudiant capable de s'adapter aux situations d'apprentissage et de développer la perspicacité et l'autocritique.

Certificat en technolinguistique autochtone

L'objectif du programme est de former des technolinguistes autochtones et de leur permettre d'acquérir la connaissance des concepts de la linguistique synchronique.

Certificat d'études pluridisciplinaires

L'objectif du certificat est de permettre à l'étudiant universitaire d'acquérir des connaissances de base dans différentes disciplines.

Baccalauréat d'éducation au préscolaire et d'enseignement au primaire

L'objectif du baccalauréat est de former des enseignants généralistes auprès des enfants de niveau préscolaire et primaire.

Il est important de souligner que, selon les demandes formulées par les communautés amérindiennes pour des cohortes spécifiques recevant la formation dans leur communauté, la direction du Centre d'études amérindiennes emprunte aux différents modules des programmes qui sont sous leur responsabilité académique.

Les perspectives d'avenir

Le principe de base de cette démarche est que les rapports entre l'UQAC et les communautés amérindiennes, sur le plan de la formation, de la recherche, de l'animation ou tout autre rapport à caractère académique, sont appelés à se développer davantage, notamment avec la création de nouveaux programmes, de même que par la mise en place d'un consortium de recherche et d'une passerelle d'initiation scientifique pour les jeunes autochtones francophones.

Projets de programmes

Sur la demande des communautés amérindiennes qu'elle dessert, la direction du Centre d'études amérindiennes travaille actuellement à la création de programmes spécifiques tels que : un certificat en sciences de l'éducation de quarante-cinq (45) crédits, un certificat en histoire et culture des nations autochtones et un programme court en relation d'aide.

La collection Tekouerimat

La collection Tekouerimat comprend actuellement douze (12) tomes :

1 *Le Second Registre de Tadoussac, (1668-1700)*
Léonidas Larouche, 1972

2 *Dictionnaire montagnais-français*
Lorenzo Angers, David E. Cooter et Gérard E. McNulty, 1974

3 *Le Troisième Registre de Tadoussac, miscelleaneorum liber*
Léo-Paul Hébert, 1976

4 *Journal des voyages de Louis Babel, (1866-1868)*
Huguette Bouchard, 1977

5 *Journal des voyages de Charles Arnaud, (1872-1873)*
Huguette Bouchard, 1977

6 *Cours de cri I*
Louis-Philippe Vaillancourt, 1978

7 *Cours de cri II*
Louis-Philippe Vaillancourt, 1978

8 *Le Quatrième Registre de Tadoussac*
Léo-Paul Hébert, 1982

9 *Apparat français-montagnais*
David E. Cooter, 1988

10 *Dictionnaire français-cri*
Louis-Philippe Vaillancourt, 1992

11 *Le Registre de Sillery (1638-1690)*
Léo-Paul Hébert, 1994

12 *L'algonquin au XVIIe siècle*
Diane Daviault, 1994

Camp d'été pour les jeunes autochtones francophones des niveaux secondaires

Camp d'initiation scientifique :

Le camp a eu lieu pour la première fois à la session d'été-95. L'expérience se répétera chaque année, au début de juillet.

Renseignements

Centre d'études amérindiennes
Université du Québec à Chicoutimi
555, boul. de l'Université
Chicoutimi, (Québec)
G7H 2B1
Tél. : (418) 545-5086
FAX : (418) 545-5012

Directrice du Centre : Huguette Bouchard

Section

« Histoire et Ethnologie »

Recherches amérindiennes au Québec, vingt-cinq ans d'existence

Sylvie Vincent et José Mailhot*

La revue *Recherches amérindiennes au Québec* célèbre en 1995 sa vingt-cinquième année d'existence, et la société qui la publie a lancé à cette occasion une campagne de publicité et de financement. Cet anniversaire est le prétexte tout indiqué pour rappeler le contexte de la fondation de la revue, faire connaître cette réalité sous son vrai jour, et mener une réflexion sur son évolution ainsi que sur les objectifs de la Société.

Les origines

Au début des années 1960, le Département d'anthropologie de l'Université de Montréal et, peu après, celui de l'Université Laval voyaient sortir leurs premiers diplômés. Plusieurs groupes de recherche se formèrent au cours de cette décennie avec, pour objectif, l'étude des populations et des cultures autochtones : le Groupe de recherches nordiques à l'Université de Montréal, les Études amérindiennes à l'Université du Québec à Chicoutimi, le Groupe Inuksiutiit à l'Université Laval, ainsi que la Société d'archéologie préhistorique du Québec et le Laboratoire d'anthropologie amérindienne. Les chercheurs commençaient à avoir des choses à dire, mais il était relativement ardu pour eux, et cela leur paraissait incongru, de traduire en anglais les résultats de leurs travaux ou de proposer leurs ébauches d'articles à des revues européennes. Ils éprouvaient le besoin de s'adresser, pour commencer, à leurs collègues immédiats mais ils avaient du mal à les identifier tant la recherche

* Sylvie Vincent est présidente du Centre de recherche et d'analyse en sciences humaines (ssDcc inc.) de Montréal et cofondatrice de la revue *Recherches amérindiennes au Québec*.

José Mailhot est chercheure autonome et membre du Comité de rédaction de *Recherches amérindiennes au Québec*, dont elle est cofondatrice.

était alors embryonnaire et dispersée.

Parfaitement au courant de ce qui bouillonnait ici et là - car c'est sur leurs bureaux qu'arrivaient projets de recherche et demandes de subvention -, deux chercheurs du ministère des Affaires culturelles, Camil Guy (ethnologue) et Charles Martijn (archéologue), eurent l'idée de proposer la création d'une revue ou d'un bulletin et convoquèrent une réunion à cet effet. Celle-ci eut lieu à Montréal en novembre 1970. Elle réunissait une quinzaine de chercheurs dont il a été jusqu'à maintenant impossible de reconstituer la liste exacte.

Ensemble ils décidèrent de lancer, d'une part, un bulletin de liaison et, de l'autre, une revue. Le premier devait servir de lien entre les chercheurs, les informer sur divers événements (colloques, parutions, etc.) et leur fournir des outils de travail (bibliographies...). La seconde, que l'on souhaitait voir paraître deux fois par année, devait être le lieu où les chercheurs québécois publieraient les résultats de leurs travaux. Comme il fallait trouver des fonds pour sortir cette revue et qu'il fallait en outre solliciter des articles, elle ne put être réalisée immédiatement. Le bulletin, qui demandait plus de bénévolat que d'argent, fut mis en chantier aussitôt et le premier numéro sortit deux mois plus tard, soit en janvier 1971.

Il y avait alors à Montréal deux organismes qui n'étaient affiliés à aucune université : la Société d'archéologie préhistorique du Québec et le Laboratoire d'anthropologie amérindienne. Nul ne s'étonnera du fait que les premiers responsables de ce bulletin aient été des membres de ces organismes et que le bulletin ait pris naissance dans leurs bureaux. Laurent Girouard s'occupait de l'édition et de la distribution et Sylvie Vincent, de la rédaction. À ses débuts, la revue n'avait pas de comité de rédaction proprement dit mais huit correspondants régionaux. En fait chacun faisait un peu de tout. L'éditeur était aussi rédacteur, les correspondants pouvaient se faire traducteurs, et tout un chacun participait à la corvée de l'expédition aux abonnés.

Le premier numéro de ce bulletin est familièrement appelé « le bottin » parce qu'il ressemble terriblement à un annuaire téléphonique. Cela n'est pas sans signification : les chercheurs qui s'intéressaient aux cultures amérindiennes et inuites en étaient encore à échanger leurs adresses, leurs numéros de téléphone et des informations sur leurs activités respectives. Dès le numéro suivant, cependant, paraissaient de petits articles timidement présentés comme des notes de recherche.

On était au printemps 1971. En avril, Robert Bourassa, alors premier ministre du Québec, annonçait le projet de la Baie James. Dans les médias il était question de choix énergétiques mais nullement des Cris et des Inuits ni des autres nations autochtones qui seraient affectées par le projet. Malgré le manque de ressources humaines et financières de la revue, la direction de *Recherches amérindiennes au Québec* eut le sentiment qu'il fallait « dire quelque chose ». Très vite, les anthropologues et autres chercheurs travaillant en milieu cri et inuit furent contactés. La plupart étaient anglophones. On traduisit leurs textes sur le coin de la table. Et ce numéro, publié à la force des poignets, fut le premier numéro réel de *Recherches amérindiennes au Québec* (« La Baie James des Amérindiens », vol. II nos 4-5). Le bulletin était devenu revue sans que nous nous en soyions rendu compte.

Entre-temps, une seconde réunion s'était tenue, au cours de laquelle les artisans de la revue avaient décidé du cadre juridique qui conviendrait le mieux à sa publication. C'est ainsi que fut fondée officiellement la Société Recherches amérindiennes au Québec, une société à but non lucratif qui fut dûment incorporée à l'automne 1973.

Les activités de la Société

Pour le grand public, « Recherches amérindiennes au Québec » évoque le nom d'une revue. En réalité, c'est plus que cela. L'activité principale de la Société est en effet la publication d'une revue (qui, après avoir paru cinq fois par année, devint trimestrielle en 1976) mais elle édite aussi des livres et organise des colloques. La Société est régie par un conseil d'administration formé de cinq membres élus annuellement, la revue est dirigée par un comité de rédaction (qui comprend à l'heure actuelle une douzaine de membres) tandis que la publication des livres est placée sous la gouverne d'un comité d'édition. Quant aux colloques, une activité plutôt sporadique, ils sont régis par le conseil d'administration de la Société qui en confie l'organisation à des bénévoles ou à des contractants.

En ce qui concerne la revue, à l'heure actuelle quatre numéros par année sont produits, dont deux sont parfois réunis en numéro double. La plupart des numéros rassemblent des articles traitant d'un thème, mais des numéros sans thème sont aussi publiés de temps à autre (selon une récente décision du comité de rédaction, chaque volume - quatre numéros - comprendra désormais au moins un numéro hors thème). Pour faciliter la consultation de la collection, des index sont publiés tous les dix ans dans les livraisons régulières. Un index général des vingt premiers volumes est paru en 1990 (vol. XX nos 3-4) et un nouvel index des vingt-cinq volumes publiés depuis la fondation paraîtra en 1996, cette fois sous forme de publication séparée.

Le tirage de la revue se situe autour de 1000 exemplaires dont la moitié environ sont destinés aux abonnés. Une centaine sont vendus dans les librairies par l'intermédiaire d'un distributeur, entre 100 et 150 sont vendus directement par la Société et 25 font l'objet d'échanges avec d'autres revues. Les autres s'écoulent au rythme des commandes. Certains numéros sont épuisés, d'autres ont été réimprimés.

Des 450 abonnés que compte RAQ à l'heure actuelle, environ 200 sont des institutions : universités, ministères, musées, bibliothèques de maisons d'enseignement ou de municipalités. Parmi ces institutions, seulement une quinzaine sont autochtones. La revue est aussi lue en dehors des frontières du

Québec et du Canada : environ 70 de ses abonnés résident à l'étranger, dont la plus grande partie aux États-Unis et en France. Elle a même l'honneur d'avoir un abonné au Japon !

Depuis 1982, la Société Recherches amérindiennes au Québec publie également des livres, au rythme d'un par année en moyenne. À ce jour, une quinzaine d'ouvrages sont parus dont la plupart appartiennent à l'une ou l'autre de quatre collections. Deux ouvrages ont été publiés hors collection : un en archéologie et un en paléoanthropologie.

La collection principale, intitulée « Signes des Amériques », comprend neuf titres, dont cinq en ethnologie, trois en archéologie et un en histoire. Ces publications, qui ont connu des tirages variant entre 800 et 1500, sont vendues directement par la Société et distribuées en librairie également. Une deuxième collection, intitulée « Paléo-Québec », publie à 300 exemplaires des rapports qui s'adressent à des spécialistes du quaternaire et de la préhistoire. Fondée par des archéologues de l'Université du Québec à Montréal en 1974, elle est depuis 1993 éditée et distribuée par la Société Recherches amérindiennes au Québec. À ce jour, trois titres sont parus sous l'égide de Recherches amérindiennes au Québec, et un quatrième, les actes d'un colloque sur l'archéologie, est sous presse. La collection « Textes amérindiens », quant à elle, est destinée à la publication de textes d'auteurs amérindiens, soient-ils rédigés dans une langue amérindienne ou en français ou encore traduits en français à partir d'une langue amérindienne. Le premier ouvrage de cette collection est un récit autobiographique en langue innue, publié conjointement avec Mamit Innuat, qui en assure la distribution en milieu autochtone. Il a été tiré à 500 exemplaires. Une dernière collection, intitulée « Dossiers », est prévue pour la publication de rapports, thèses ou dossiers d'actualité. C'est dans cette collection que paraîtront les actes du colloque organisé au printemps 1995 par la Société sur le thème « Autochtones et Québécois : La rencontre des nationalismes ». Par ailleurs, Recherches amérindiennes au Québec vient de conclure une entente de coédition avec un éditeur français pour la publication d'un livre d'un ethnologue québécois portant sur l'Amérique latine.

L'organisation de forums et de séances de discussions portant sur les questions amérindiennes est une activité secondaire et ponctuelle qui obéit généralement aux impératifs de l'actualité. En 1985, par exemple, la Société a tenu un colloque marquant dont l'objectif était de faire le bilan des dix premières années d'application de la *Convention de la Baie James et du Nord québécois* et elle en a publié les actes. Dix ans plus tard, en pleine période préréférendaire, elle en organisait un autre, portant cette fois sur la rencontre des nationalismes québécois et autochtone. Les actes de ce dernier colloque seront également publiés, comme on l'a mentionné plus haut. D'autre part, la Société a organisé quelques colloques traitant de questions amérindiennes dans le cadre des Congrès de l'ACFAS. En 1974 (vol. IV n° 3), la revue a publié les textes des communications et le compte rendu des tables rondes du premier colloque sur les études amérindiennes à se tenir dans le cadre du Congrès de l'ACFAS.

Dès sa fondation, ou presque, la Société Recherches amérindiennes au Québec a maintenu dans ses locaux un centre de documentation spécialisé sur les questions amérindiennes. Il fut ouvert au grand public pendant de nombreuses années, mais le manque de moyens financiers a obligé la Société à interrompre ce service en 1993.

Il faut dire que la Société dispose de bien peu de ressources en regard de ses nombreuses activités et qu'elle doit sa survie à l'engagement et au dévouement de nombreux bénévoles qui, depuis la fondation, n'ont pas cessé d'y investir temps et énergie, quand ce n'est pas leur argent personnel. La Société dispose à présent d'un budget annuel de quelque 85 000 $ qui sert essentiellement à rémunérer ses deux employés à temps partiel, à maintenir ses quartiers généraux de Montréal et à défrayer les coûts de production de la revue trimestrielle. La publication de livres et l'organisation de colloques sont assurées par des subventions ponctuelles, indépendantes du budget de fonctionnement annuel.

Ce budget annuel provient pour 55 % de subventions qui sont versées par le Conseil de recherche en sciences humaines du Canada, le Fonds pour la formation de chercheurs et l'aide à la recherche du ministère de l'Éducation du Québec et le Conseil des arts et des lettres du Québec. Le reste provient de la vente des publications et des abonnements à la revue. En dépit d'une gestion serrée et de l'important bénévolat dont elle bénéficie, la Société a accumulé au cours des années un déficit de 16 000 $ que la campagne de financement du vingt-cinquième anniversaire visait précisément à combler. Mais, finalement, cette campagne aura réussi à éponger moins de la moitié du déficit.

Les principaux objectifs

Les critères par lesquels la Société Recherches amérindiennes au Québec s'est définie dès le départ sont au nombre de trois. Ses publications - et ses activités - devaient être francophones, traiter des sociétés et des cultures « amérindiennes » et s'intéresser en priorité aux nations du Québec.

Reprenons un à un chacun de ces objectifs. La Société visait, rappelons-le, à fournir un lieu d'expression aux chercheurs francophones. À cette époque n'existaient pas encore *Anthropologie et Sociétés, Études/Inuit/Studies* non plus que *Culture*. La seule revue existante, *Anthropologica,* était essentiellement d'expression anglaise. Un chercheur francophone avait le choix de publier en France, dans une revue d'une autre discipline, ou en anglais. La volonté de la Société de publier en français a donc été clairement indiquée. Cependant, les chercheurs non francophones étaient invités à soumettre des articles dans leur langue, et la revue se chargeait d'en effectuer la traduction pour les rendre accessibles à ses lecteurs francophones.

Par ses activités et le contenu de ses publications, la Société voulait contribuer à la connaissance des cultures « amérindiennes ». Précisons qu'à l'époque on tendait à donner à ce terme le sens actuel de « autochtones » et à y inclure les Inuits (usage qui n'a plus cours aujourd'hui). La création de la revue *Études/Inuit/Studies* en 1977 explique qu'à partir de cette date, les articles sur les Inuits sont très rares dans *Recherches amérindiennes au Québec.* Elle était donc ouverte à tous les chercheurs, incluant les autochtones, qui, de près ou de loin, travaillaient sur des sujets intéressant ou concernant les Amérindiens et les Inuits.

Enfin la Société avait pour objectif de concentrer ses efforts sur la connaissance des sociétés et des cultures autochtones du Québec tout en insistant sur la nécessité de tenir compte de l'ensemble culturel plus large du Nord-Est et de l'Arctique. Elle n'excluait pas la possibilité de publier des articles sur d'autres groupes pourvu que cela éclaire d'une façon ou d'une autre la problématique sociale, culturelle, historique, politique des nations autochtones du Québec.

Qu'est-il advenu de ces trois objectifs ?

Pour des raisons de visibilité et pour des raisons financières, la Société n'a pas cessé de subir la tentation de l'anglais. Cent fois, ses membres bénévoles se sont découragés devant les textes à traduire (et cela a commencé dès la première année avec le numéro « La Baie James des Amérindiens »). Cent fois, il lui a fallu réaffirmer son credo en des publications d'expression française. Cela ne l'a pas empêchée de publier, en version bilingue, un numéro de la revue (« Les Indiens parlent », vol. II n°s 4-5) et deux livres (*Rencontre avec nos ancêtres, Ce que nous révèlent leurs ossements / Meeting Our Ancestors, What Can Their Bones Tell Us,* en 1985, et *Baie James et Nord québécois, Dix ans après / James Bay and Northern Québec, Ten Years After,* en 1988). Par ailleurs, depuis 1982, la revue publie un résumé en anglais de tous les articles qu'elle fait paraître (à l'exception des rubriques régulières). Tandis qu'on assistait en France à l'anglicisation de plusieurs revues, *Recherches amérindiennes au Québec* est donc demeurée une revue d'expression française depuis vingt-cinq ans et cela ne l'a pas empêchée d'attirer beaucoup d'auteurs anglophones.

Les publications de la Société ont traité de multiples sujets (santé, religion, droits, archéologie, histoire, place des femmes, justice, musique, éducation, langues, etc.) qui tous concernent les sociétés amérindiennes ou inuites. D'après un article de J.-F. Moreau, qui trace le bilan des dix premières années de la revue (vol. XI n° 2), il ressort que les thèmes qui reviennent le plus souvent durant cette période sont le sacré, la préhistoire, l'ethnohistoire et les droits autochtones. L'analyse de la répartition des thèmes traités durant les dernières quinze années reste à faire mais on peut à tout le moins signaler l'importance croissante qui est accordée aux sujets d'actualité et aux questions juridiques, avec notamment la création d'une rubrique « Actualités » en 1983, et d'une « Chronique juridique » en 1989. Malgré la variété des thèmes abordés au cours de toutes ces années, on peut constater diverses lacunes (par exemple l'économie politique, l'art visuel contemporain) qui témoignent sans doute davantage des lacunes de la recherche que d'oublis de la part de la rédaction.

La revue a invité des autochtones à collaborer à titre d'auteurs et ce, dès la première année (« La Baie James des Amérindiens », vol. I n°s 4-5). Son seul numéro bilingue (« Les Indiens parlent », vol. II n°s 4-5) a été réalisé sous la direction d'un autochtone et ne comprenait que des textes écrits par des autochtones. Par la suite, des auteurs amérindiens ont été sollicités régulièrement, et leurs textes figurent dans l'un ou l'autre des numéros de la revue mais ils ne sont pas très nombreux. Par contre, les actes des deux colloques organisés par la Société font une large place à la participation des autochtones, et l'une des collections récentes fondées par la Société (« Textes amérindiens ») témoigne de sa volonté d'offrir ses pages aux auteurs autochtones.

La dimension québécoise de ses publications, qui était le troisième objectif de la Société, a également été conservée mais, dès 1973, la revue s'est ouverte à d'autres parties du continent et notamment à l'Amérique latine. Au cours des quinze dernières années, trois numéros y ont été entièrement consacrés (« Luttes indiennes en Amérique latine », vol. XI n° 1, « Mégaprojets en Amazonie », vol. XX n° 2, « L'Andin et ses ancêtres », vol. XXV n° 2). Curieusement, cependant, presque rien n'a été publié sur les autochtones des États-Unis et, à part un numéro sur la Côte-Ouest canadienne et des monographies sur les Hurons, les Micmacs et les Innus – qui débordent le cadre québécois –, la Société n'a pas dit grand chose encore sur les autochtones du reste du Canada.

Conclusion

On pourrait dire que les publications et les activités de la Société Recherches amérindiennes au Québec sont caractérisées par la dualité. Elles sont à la fois axées sur la recherche et préoccupées des grandes questions auxquelles sont confrontées les nations autochtones, particulièrement dans leurs relations avec les autres habitants du Québec. Elles sont le lieu d'expression des chercheurs mais elles veulent aussi s'adresser au public en général. La revue, particulièrement, oscille toujours entre la volonté de vulgariser les résultats de la recherche et le désir d'être considérée comme une revue scientifique. Par sa mise en page, par ses illustrations, elle n'a pas la facture d'une revue scientifique mais ses articles sont parfois loin d'être accessibles à un large public.

La Société est aussi caractérisée par son indépendance. Née en dehors des universités, elle l'est demeurée pendant vingt-cinq ans et l'est toujours. Ce qui est un tour de force. Et ce qui coûte très cher à ceux qui s'en occupent. En effet, elle a toujours eu des problèmes d'argent, et réussit très mal à payer ses employés à temps partiel. Si la revue continue à paraître, c'est qu'elle est subventionnée par les innombrables heures de travail de ceux qui la font.

Enfin, on pourrait dire que la revue et les autres publications de la Société Recherches amérindiennes au Québec portent sur les questions contemporaines un regard anthropologique. Elles ne se prononcent pas sur les questions de l'heure, mais elles fournissent à ceux qui voudraient se prononcer des informations, des analyses, des réflexions qui constituent un minimum, à l'heure où, les autochtones prenant une part active aux débats nationaux, il est essentiel de comprendre leurs points de vue.

En vingt-cinq ans, la Société a donc maintenu ses objectifs mais elle l'a fait avec souplesse, en s'ouvrant de plus en plus au contexte large dans lequel évoluent les peuples autochtones et la recherche qui les concerne. Elle a aussi maintenu vaille que vaille cette indépendance et cette ambivalence qui ont présidé à sa création. Elle se maintient dans un équilibre qui toujours paraît éphémère et qui pourtant dure encore, un équilibre dont il faut espérer qu'il persistera. En effet, par ses publications, la Société joue au Québec, tant dans le domaine de la recherche que dans celui des relations entre les Québécois et les Autochtones, un rôle qui, tout effacé qu'il soit, n'en est pas pour autant négligeable.

L'apport ethnologique amérindien du Registre de Sillery

Léo-Paul Hébert *

> Ethnologie : « Étude scientifique des ethnies, dans l'unité de la structure linguistique, économique et sociale de chacune, dans leurs liens de civilisation propres et dans leur évolution. » (*Le Petit Robert* 1993)

Le *Registre de Sillery* est le plus ancien manuscrit conservé aux Archives de l'Archevêché de Québec, où il est classé dans la série « U ». De tous les registres de l'état civil du Québec qui nous sont parvenus, le plus ancien est celui de Trois-Rivières qui s'ouvre en 1635; celui de Sillery vient immédiatement après, en 1638. Le registre de Notre-Dame de Québec, bien qu'il contienne des actes datant de 1621, reconstitués après coup, ne commence officiellement qu'en 1640[1]. Le *Registre de Sillery* couvre la période de 1638 à 1690 et il est rédigé en latin.

Libellé des actes du registre

Un acte de baptême contient le lieu, la date, le nom du baptisé, des parents, des parrains et celui du ministre du culte. Mais on y trouve aussi d'autres renseignements : la nationalité du baptisé, son âge, son sexe, parfois les conditions d'instruction de la foi, la mobilité des Amérindiens, leur passage à Sillery, le lieu de provenance, etc.; aussi les allées et venues des missionnaires, les visites à Sillery des personnages de marque comme le gouverneur, l'évêque, l'intendant, etc.

Enfin, les actes mentionnent également la qualité des baptisés (par exemple s'ils sont chefs) et permettent d'entrevoir jusqu'à un certain point les structures de la société amérindienne.

---

* Léo-Paul Hébert enseigne au Département des sciences humaines du Cégep Joliette-De Lanaudière.

1 André Larose, *Les Registres paroissiaux au Québec avant 1800*, Études et recherches archivistiques, n° 2, Québec, ministère des Affaires culturelles, 1980, p. 175.

L'ancienne mission de Sillery

Le père N. Brûlart de Sillery

Le père Paul Le Jeune

La vieille maison de Sillery

Tableau 1
Liste des missionnaires de Sillery

Albanel, Charles, S.J.
Allouez, Claude-Jean, S.J.
Audouard, Guillaume
Aveneau, Claude, S.J.
Bailloquet, Pierre, S.J.
Beaulieu, Louis de, S.J.
Bernières, Henri de, ptre
Beschefer, Thierry, S.J.
Bigot, Jacques, S.J.
Bigot, Vincent, S.J.
Bonin, Jacques, S.J.
Bonnault, André, S.J.
Boucher, Jean-Baptiste, S.J.
Brébeuf, Jean de, S.J.
Bressani, François-Joseph, S.J.
Bruyas, Jacques, S.J.
Buteux, Jacques, S.J.
Chabanel, Noël, S.J.
Chaumonot, Joseph-Marie, S.J.
Crespieul, François de, S.J.
Dablon, Claude, S.J.
Dalmas, Antoine, S.J.
Daran, Adrien, S.J.
Defretat, Amable, S.J.
Dequen, Jean, S.J.
Druilletes, Gabriel, S.J.
Dufort, Cyprien, ptre
Duperon, François, S.J.
Duperon, Joseph-Imbert, S.J.
Enjalran, Jean, S.J.
Eudemare, Georges d', S.J.
Frémin, Jacques, S.J.
Gagnon, Pierre-Paul, ptre
Garnier, Julien, S.J.
Garreau, Léonard, S.J.
Gassot, Henri-Julien, S.J.
Gravier, Jacques, S.J.
Grelon, Adrien, S.J.
Joinville, Gabriel, capucin
Lalemant, Gabriel, S.J.
Landon, Simple, récollet
Laval, Mgr de, évêque
Le Jeune, Paul, S.J.
Lemoyne, Simon, S.J.
Lyonne, Martin de, S.J.
Mante, Côme de, capucin
Marest, Joseph-Jacques, S.J.
Marquette, Jacques, S.J.
Masse, Ennemond, S.J.
Matthieu, Guillaume, S.J.
Ménard, René, S.J.
Mercier, François, S.J.
Morel, Thomas-Joseph, ptre
Nicolas, Louis, S.J.
Nouvel, Henri, S.J.
Oukestis, Ignace, amérindien
Pierson, Philippe, S.J.
Pijart, Claude, S.J.
Poncet, Joseph, S.J.
Quantin, Claude, S.J.
Richard, André, S.J.
Silvy, Antoine, S.J.
Vaultier, Jacques, S.J.
Viguier, Jean, S.J.
Vimont, Barthélemy, S.J.
Un Français et un père franciscain non identifiés

Tableau 2
Les principaux missionnaires de Sillery

Ministres	Baptêmes Amérindiens	Baptêmes Français	Baptêmes Total	
Jacques Bigot	370	4	374	
Gabriel Druilletes	256	4	260	
François de Crespieul	214	4	218	
Jacques Vaultier	146	21	167	
Jean Dequen	112	15	127	
Pierre Bailloquet	84	38	122	
Vincent Bigot	92	0	92	
Henri-Julien Gassot	82	1	83	
Paul Le Jeune	66	2	68	
Joseph-Imbert Duperon	53	2	55	
Total partiel	*1475*	*91*	*1566*	*79,17%*
Louis Nicolas	32	15	47	
Barthélemy Vimont	44	0	44	
Antoine Dalmas	26	15	41	
André Richard	34	5	39	
Charles Albanel	11	14	25	
Henri Nouvel	12	6	18	
Joseph-Jacques Marest	13	3	16	
Jacques Frémin	14	2	16	
Joseph-Marie Chaumonot	10	2	12	
Jacques Buteux	12	0	12	
Total partiel	*208*	*62*	*270*	*13,65%*
Par les principaux ministres	1683	153	1836	92,82%
Par les autres ministres	33	104	142	7,18%
Nombre total de baptêmes	1716	257	1978	

Tableau 3
Registre de Sillery : total des baptêmes de 1638 à 1690

Période	Amérindiens	Français	Métis	Total
1638-1642	214	0	0	214
1643-1647	96	2	0	98
1648-1652	82	19	0	101
1653-1657	108	20	0	128
1658-1662	131	6	0	137
1663-1667	103	54	0	157
1668-1672	73	81	1	155
1673-1677	286	52	1	339
1678-1682	180	14	2	196
1683-1687	443	6	1	450
1688-1690	0	3	0	3
Total	1716	257	5	1978

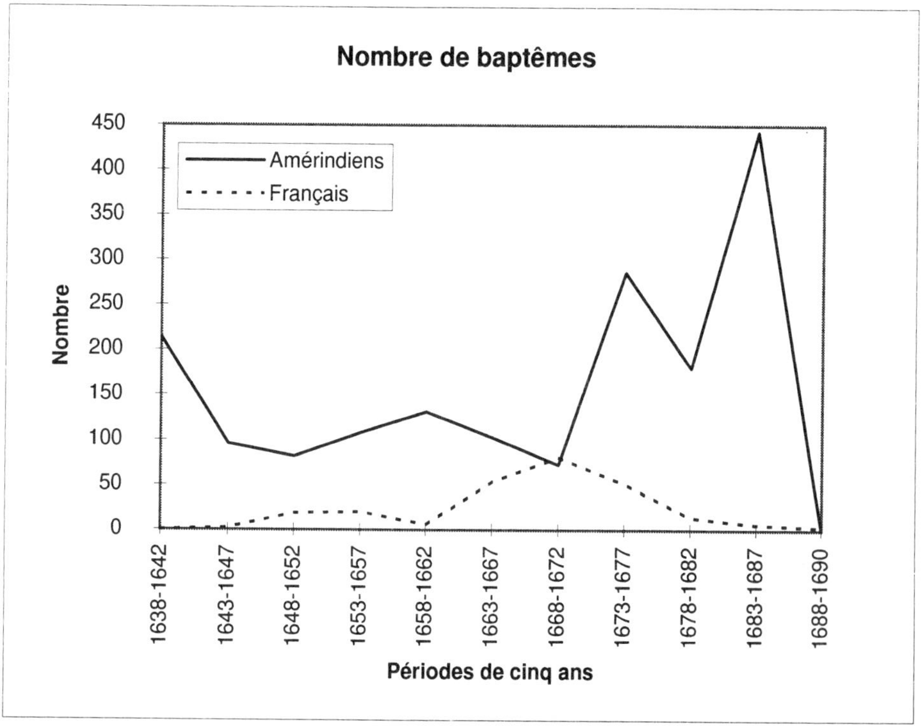

Tableau 4

Lieux de tous les baptêmes

Lieu	Amérindiens	Français	Métis	Total
Sillery	1099	255	4	1358
Québec	204	1	1	206
Autres endroits	413	1	0	414
Total	1716	257	5	1978

Tableau 5a

Lieux et périodes des baptêmes des Amérindiens

Lieu	Premier	Dernier	Nombre	
Sillery				
Sillery	1638-04-18	1688-10-11	1065	62,06%
Sillery / hôpital	1640-11-15	1644-03-26	34	1,98%
Total à Sillery			*1099*	*64,04%*
Québec				
Québec	1638-??-??	1679-06-13	103	6,00%
Hôpital	1654-08-14	1661-06-29	2	0,12%
Coll. Jésuites	1642-06-24	1664-10-01	59	3,44%
Ursulines	1641-10-08	1650-09-23	40	2,33%
Total à Québec			*204*	*11,89%*
Autres endroits nommément désignés				
Acadie	1648-05-10		2	0,12%
Château-Richer	1659-12-16	1663-03-14	47	2,74%
Domaine du Roi	1672-05-17	1675-08-18	211	12,30%
Île aux Oies	1654-06-01	1654-06-01	7	0,41%
Île d'Orléans	1653-11-27	1656-03-15	15	0,87%
Mer du Nord	1661-06-18	1661-07-14	19	1,11%
Msakkikkan	1683-05-31	1686-09-17	66	3,85%
Nouvelle-Angleterre	1652-02-??		1	0,06%
Sainte-Anne	1675-12-25	1675-12-29	4	0,23%
Tadoussac	1641-06-29	1641-06-29	13	0,76%
Trois-Rivières	1642-??-??	1652-??-??	17	0,99%
Endroits désignés de façon imprécise				
In Missione Campestri	1688-02-10		1	0,06%
In Casa	1659-11-18		1	0,06%
In Silvis	1648-10-04	1686-01-26	2	0,12%
In Silvis Trans Flumen	1679-11-11		1	0,06%
Endroits inconnus	1659-11-19	1669-??-??	6	0,35%
Total dans les autres endroits			*413*	*24,07%*
Total général			1716	

Lieux et périodes des baptêmes des Amérindiens

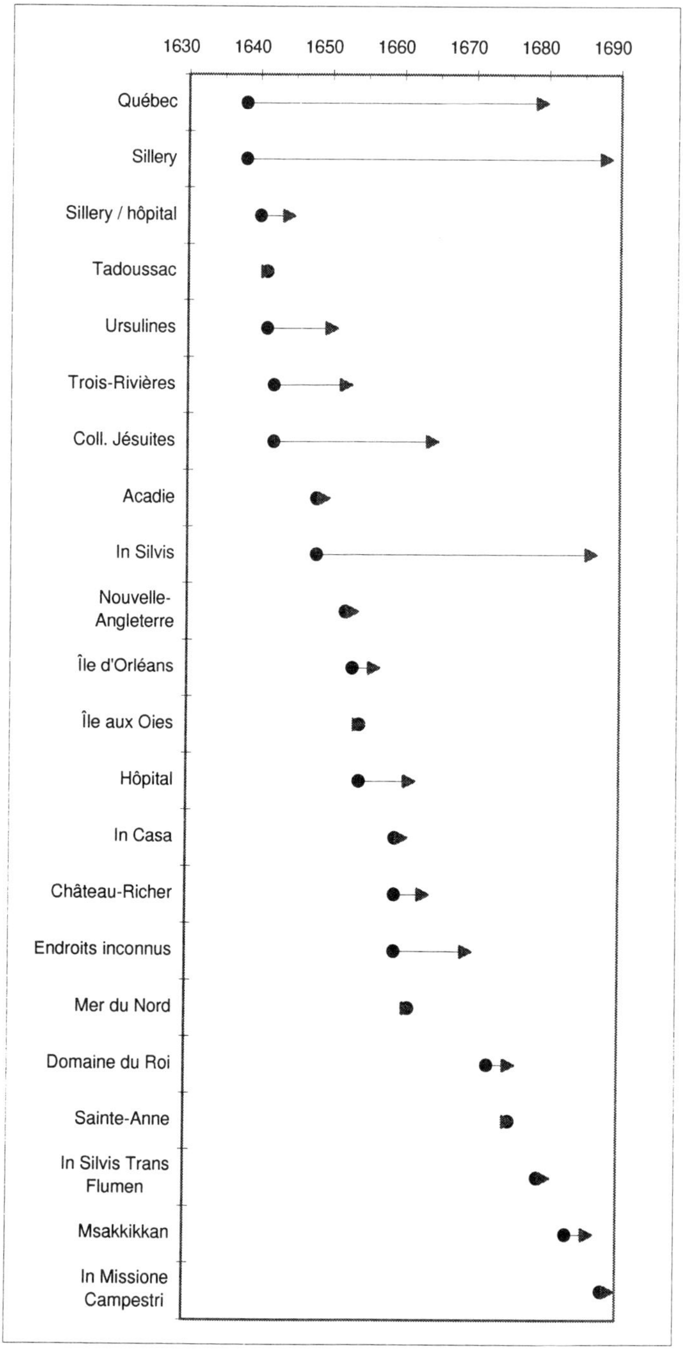

Tableau 5b
Lieux des baptêmes des Amérindiens

Période	Sillery	Québec	Autres	Total
1638-1642	159	37	18	214
1643-1647	67	19	10	96
1648-1652	65	10	7	82
1653-1657	60	26	22	108
1658-1662	0	83	48	131
1663-1667	54	24	25	103
1668-1672	29	0	44	73
1673-1677	112	4	170	286
1678-1682	178	1	1	180
1683-1688	375	0	68	443
Total	1099	204	413	1716

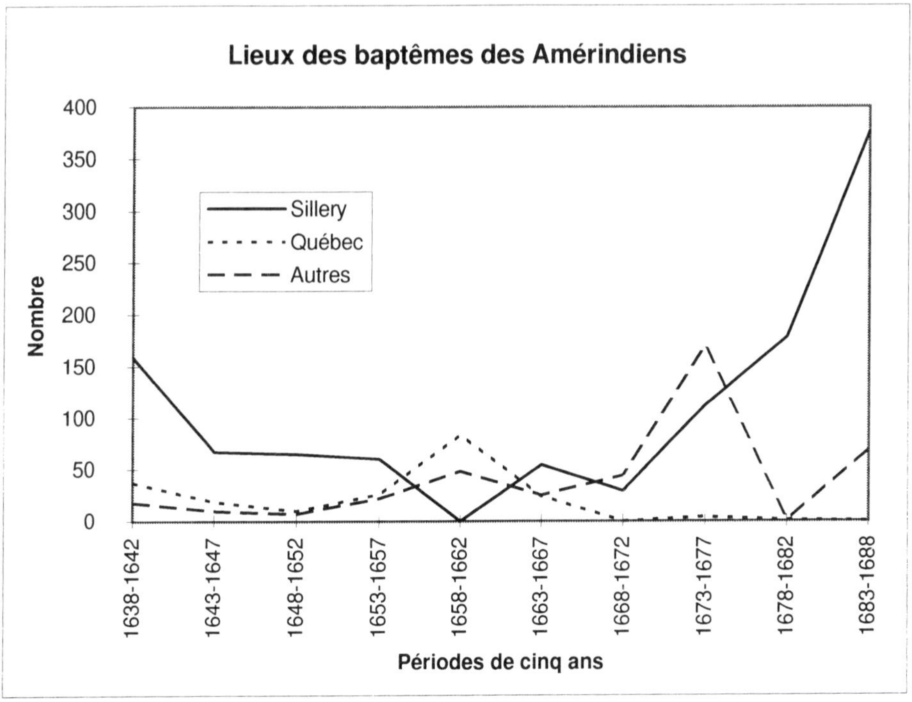

Tableau 6

Compilation des baptêmes des Amérindiens et des Français

	Total	Baptêmes solennels	Baptêmes sans cérémonies	Baptêmes suppléés	Baptêmes en danger de mort
Amérindiens	1716	1465	263	132	96
Français	257	229	25	18	14
Métis	5	5	0	0	0
Total	1978	1699	288	150	110

Tableau 7

Répartition des baptêmes des Amérindiens selon les âges

Années	Enfants (0-12)	Adolescents (13-20)	Adultes (21 et +)	Total
1638-1642	97	20	97	214
1643-1647	63	10	23	96
1648-1652	65	7	10	82
1653-1657	84	11	13	108
1658-1662	115	5	11	131
1663-1667	66	8	29	103
1668-1672	48	2	23	73
1673-1677	163	21	102	286
1678-1682	106	26	48	180
1683-1688	236	67	140	443
Total	1043	177	496	1716
Pourcentage	*60,78%*	*10,31%*	*28,90%*	*100,00%*

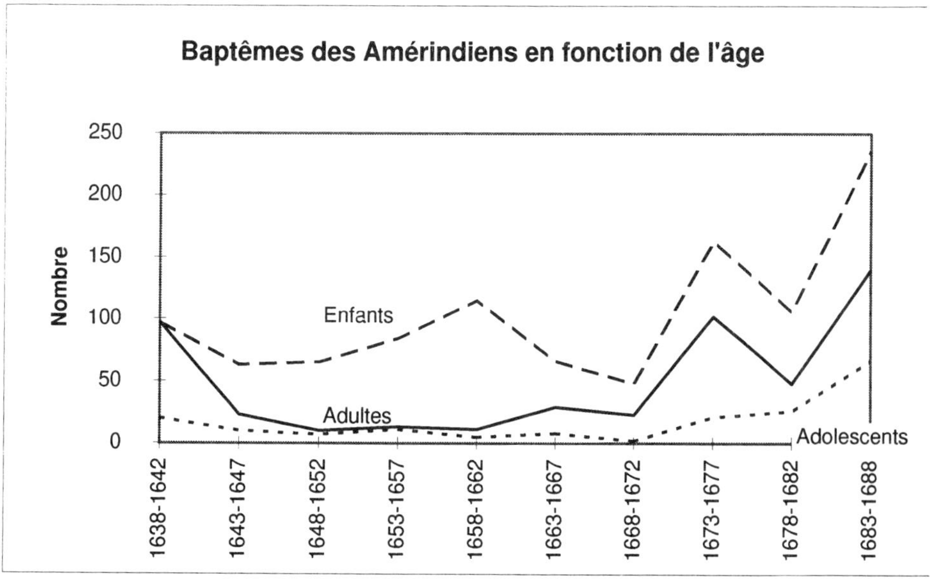

Tableau 8
Le sexe des baptisés

	Masculin	Féminin	Non indiqué	Total
Amérindiens	865	847	4	1716
Français	132	124	1	257
Métis	4	1	0	5
Total	1001	972	5	1978

Tableau 9
Le parrainage des baptisés amérindiens

Périodes	Parrain français	Parrain amérindien	Total
1638-1647	161	122	283
1648-1657	97	63	160
1658-1667	175	9	184
1668-1677	180	69	249
1678-1688	116	242	358
Total	729	505	1234

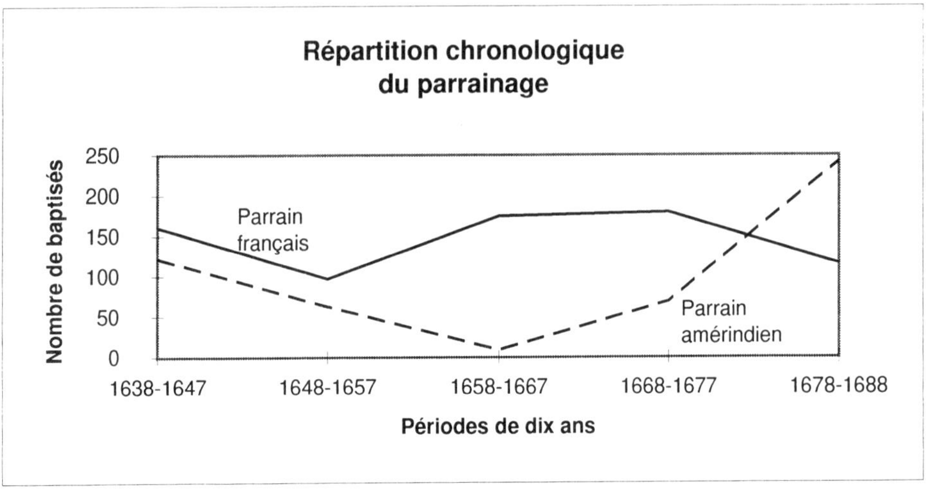

La compilation des actes du *Registre de Sillery* donne un total de 1978 baptêmes, dont 1716 baptêmes amérindiens, répartis entre 1638 et 1688, ce qui fait une moyenne de 34,3 baptêmes par année. De ce nombre, 1097 baptêmes ont été célébrés à Sillery, soit 64,0 %.

Nomadisme et mobilité de la population

Les Amérindiens étaient de grands voyageurs; les missionnaires qui les ont accompagnés pendant l'hiver l'ont expérimenté. Leurs déplacements étaient fréquents, exigés par leur subsistance et leur goût.

Tentative de sédentarisation : la réduction de Sillery

La réduction de Sillery avait pour objectif de sédentariser des nomades. On tenterait ici l'expérience des réductions du Paraguay : instituer une république agricole, à l'instar de celle des Guaranis, sous la tutelle des Jésuites. On avait prévu comme site la seigneurie de Sillery, qui devait comporter une résidence pour les Jésuites, une chapelle, un hôpital et des habitations pour les Amérindiens.

Le premier acte du 18 avril 1638 indique le lieu de la façon suivante : « *Ego Paulus Le Jeune societatis Jesu vices agens parochi Ecclesiae Reductionis sancti Josephi* » (Moi, Paul Le Jeune, de la Société de Jésus, agissant en tant que curé de l'église de la réduction Saint-Joseph...). En fait, cette église ou plutôt cette chapelle était logée dans la résidence (*domus*) de Sillery.

Les Hospitalières, arrivées en 1639, firent ériger leur hôpital à Sillery en 1640. On avait compté sur cette institution comme moyen d'attraction. Pendant sa courte existence, du 15 novembre 1640 au 26 mars 1644, on y fit 34 baptêmes. Mais étant donné leur crainte des Iroquois, les Hospitalières quittèrent leur hôpital le 29 mai 1644 et se réfugièrent à Québec[2].

Le *Registre de Sillery* nous apprend que Sillery a été d'abord une « réduction ». L'introduction du registre (p. [3])[3], rédigée par le P. Paul Le Jeune, souligne la générosité de Noël Brulart de Sillery (1577-1640) et l'originalité de l'expérience apostolique tentée par les Jésuites.

Pendant combien de temps crut-on au succès de cette entreprise? Notre registre nous donne peut-être un filon. Le terme *reductio* est employé réguliè-

2 A. Bernier, *Le Vieux Sillery*, Cahiers du patrimoine, n° 7, Québec, ministère des Affaires culturelles, 1978 [1977], p. 34; aussi *Relations des Jésuites* (R.J.), 1647 Montréal [Éditions du Jour 1972], p. 47.

3 Toutes les références aux pages du texte original du *Registre* sont indiquées entre crochets (ex.: p. [3], afin de permettre au lecteur de retrouver les renvois exacts au texte original; notre édition (coll. Tekouerimat, n° 11, Presses de l'Université du Québec, Sillery, 1994) présente cette pagination de l'original entre crochets dans la marge de gauche.

rement à partir du 18 avril 1638 (premier acte du P. Paul Le Jeune) jusqu'au 3 juin 1640 sous la plume des PP. Le Jeune et Dequen; puis deux fois par le P. Joseph-Imbert Duperon, le 4 janvier et le 8 octobre 1641; ensuite, plus rien jusqu'en 1649.

Pourtant en 1643, le P. Le Jeune croit toujours en son projet : il veut « réduire à Jésus-Christ » les fiers Algonquins d'en haut. « Ce seroit un grand bonheur, dit la *Relation* de 1643, que ces gens là se peussent une fois fixer et arrester en quelque bonne habitation, comme les autres ont fait à Sillery. »[4]

En 1644 et en 1645, les PP. Le Jeune et Druilletes emploient le terme de *residentia* à quatre reprises, et le P. J.-I. Duperon, une fois en 1650. En 1649-1650, on reprend l'usage du terme « réduction » : les PP. Le Jeune, Druilletes, Lyonne et J. I. Duperon l'emploient seize fois. Par la suite, c'est le silence complet : on emploie les expressions *in sacello, in ecclesia Sti Josephi*; plus tard *Sti Michaelis.* Ce changement de terminologie coïncide sans doute avec le constat d'échec du projet de réduction de la part des promoteurs du projet.

L'incendie de la résidence et de la chapelle de Sillery en 1657 marque une importante diminution des baptêmes jusqu'à la reconstruction de la nouvelle chapelle Saint-Michel de Sillery en 1663.

Carrefour de nation et lieu de rayonnement

Si le projet de « réduction » n'a pas réussi, il n'en a pas moins provoqué un carrefour et un lieu de rencontre entre les différents groupes amérindiens, parmi lesquels il s'est trouvé surtout des nomades, mais aussi des sédentaires, dont les représentants venaient se faire instruire avant de retourner dans leur village.

Des Amérindiens de la plupart des nations de la Nouvelle-France ont séjourné à Sillery : Abénaquis, Algonquins, Attikameks, Hurons, Montagnais, Nipissiriens, etc. Plus particulièrement, il s'y trouve de grandes figures du monde amérindien comme Noël Negabamat/Tekouerimat, Makheabichigiou, Pigarouich, Tgondatsa, etc.

Sillery fut aussi un lieu de rencontre entre autochtones et Français, qui se sont acculturés réciproquement. Les surnoms français attribués aux Amérindiens en sont une preuve (voir plus bas).

Population et principaux groupes ethniques

Les deux premières familles amérindiennes de Sillery venaient de Trois-Rivières[5]. Noël Negabamat, alias Tekouerimat, qui a donné son nom à la collection « Tekouerimat », et François-Xavier Nenask8mat avec leur famille

4 *R.J.* 1643, p. 46.

5 L. Campeau, *Catastrophe démographique sur les Grands Lacs - Les premiers habitants du Québec*, Cahiers d'histoire des Jésuites 7, Bellarmin, 1986, p. 114.

furent les premiers habitants de la réduction de Saint-Joseph.

Nenask8mat, dangereusement malade, avait été baptisé à Québec le 3 décembre 1638 en présence du gouverneur de Montmagny, du chevalier de l'Isle et de M. Gand[6]. Noël Tekouerimat suivit son exemple le 8 décembre 1638, choisissant le prénom de « Noël » en l'honneur de son bienfaiteur Noël Brulart de Sillery[7].

Les Montagnais s'étaient installés près de la résidence des Jésuites, tandis que les Algonquins campaient un peu plus loin près de l'hôpital installé à Sillery en 1640[8].

Plusieurs événements feront évoluer la réduction de Sillery; ils transparaissent à travers les lignes du Registre de Sillery. Au début, la communauté comptait une vingtaine de personnes[9]; mais en 1639, la petite vérole décima la population de la réduction[10].

Il n'est pas exact d'affirmer que Sillery fut abandonnée après 1670. Notre compilation des baptêmes montre qu'il y eut quatorze baptêmes indiens à Sillcry en 1670, vingt et un en 1671, quinze en 1672, dix-neuf en 1673, neuf en 1674, onze en 1675, huit en 1676; cependant, en 1676 le P. Enjalran trouva l'endroit désolé[11].

Toponymie et ethnonymie amérindiennes

L'apport toponymique et ethnonymique amérindien du *Registre de Sillery* est important. Cet aspect est particulièrement illustré à travers les baptêmes du P. de Crespieul, lequel fait état de la topographie amérindienne du Saguenay sous forme latinisée, selon la coutume du temps.

Toponymie amérindienne

Amiskousagué (rivière, Domaine du Roy)
Arrente (bourg Attignaouantan, nation huronne)
Assomption (mission de l', environs de la Nouvelle-Angleterre)
Chicoutimi

6 *R.J.* 1638, p. 4.

7 *Dictionnaire biographique du Canada (DBC)*, I, 527.

8 L. Campeau, *op. cit.*, p. 114.

9 H. Létourneau, « Sillery : autrefois une réduction indienne », *Bulletin de recherches historiques (BRH)*, 58 (1952), p. 117-125.

10 *R.J.* 1639, p. 15, 25.

11 Cité dans Léon Pouliot, *La mission de Sillery*, Montréal, L'œuvre des Tracts, n° 218, août 1937, p. 15.

Echitogamat (Tchitogama, lac, Domaine du Roy)
Kakisegau ou Mistassibi (rivière, Domaine du Roy)
KaMenistiousisek (rivière, Domaine du Roy)
KaPirebistichit (rivière de l'Assomption ou rivière aux Rats, Domaine du Roy)
Kastiteouanich (près de M8chau 8raganich, région du lac Mistassini)
Kebec (Québec)
Kennebec (rivière)
Mouchau Ouraganich (région du lac Mistassini, Domaine du Roy)
Manit8nag8ch (Île aux Couleuvres, en face de Roberval)
Metaberoutin (Trois-Rivières)
Mistassini (lac)
Msakkikkan (Saut de la Chaudière, mission abénaquise; toponyme « à l'origine du nom actuel de Sartgigan, revendiqué aujourd'hui pour le territoire de Saint-Georges de Beauce, [...] »[12])
Nekoubau ou Nicabau (lac Saint-Paul, Domaine du Roy)
Ossosane (Fort Sainte-Marie-des-Hurons)
Ouakouni (rivière, Domaine du Roy)
Oukanonaencat (aussi Scanonaenrat, bourg des Tohontaenrats, hurons; bourg Saint-Michel)
Piristibik (rivière aux Outardes, Domaine du Roy)
Quinogaming (lac Kénogami, Domaine du Roy)
Sadiseg8 (Tadoussac, Domaine du Roy)
Tadoussac
Taenhatentaron (Fort Saint-Ignace; bourg Attingneenongnahac, chez les Hurons)
Tchitogama (lac Tchitogama ou Echitogamat, Domaine du Roy)

Nations amérindiennes (Ethnonymie)

Abénaquis
Abitibiens
Agniers (*Agnongherronenses*)
Algonquins
Amikoués ou Castors (nord du lac Huron)[13]
Atonchatorronons ou Onontchataronons (d'origine iroquoise, mais algonquinisé)[14]
Attikameks ou Poissons Blancs
Chaouanaquiois (Chaouanons, Chouanons, Shawnees)
Erigoe8ka8irini (lac Nekoubau ou Nicabau)
Esquimaux ou Gaspésiens
Etchemins

---

12 L. Campeau, *Msakkikkan ou la première mission de Saint-François*, dans H. Provost, *Les Abénaquis sur la Chaudière*, Québec, Éditions de la Nouvelle-France,1983, p. 53.

13 L. Campeau, *Catastrophe ..., op. cit.*, p. 136.

14 L. Campeau, *Lettre du 13 mars 1991.*

Hurons
Iroquois
Kakouchaki ou nation des Porc-Épics (Lac Saint-Jean)
Kouachouchiouets (groupe montagnais)
Mahingan (nation des Loups; Algonquiens et Abénaquis, du fleuve Hudson)
Mistassins
Montagnais
Nipissiriens
Onontchataronons (groupe d'origine iroquoise, mais algonquinisé : les Iroquets)
Ouikatgeouets ou Ouikouatgeouets (Domaine du Roy)
Oukestigouets (au nord des Papinachois (Domaine du Roy)
Oumamiois (au nord de Betsiamites, Domaine du Roy)
Outimagamis (groupe algonquin; a laissé son nom au lac Timagami, Ontario)
Papinachois (Domaine du Roy)
Pineg8reansi (Pennacooks, Penagouc?)
Sagahigan (Sagahiganirini : groupe algonquin de l'Outaouais, en 1640)
Socoquis (habitants du fleuve Connecticut)
Tadoussaciens
Témiscamingue (Algonquins)

État de la langue amérindienne

Les Jésuites ont appris très tôt les langues amérindiennes. Les nombreux dictionnaires et grammaires qu'ils ont produits en langue amérindienne en sont un témoignage indiscutable.

Signalons d'abord que l'abréviation grecque *8* (*o* surmonté du *u*) est utilisée couramment pour la transcription des noms amérindiens de personne et de lieu[15] : par exemple, *Tek8erimat* (au lieu de *Tekouerimat*). À l'occasion, cette abréviation est employée dans les mots latins : p. ex. *n8ncupavit* (au lieu de *nuncupavit*), par le P. Pierre Bailloquet (18 octobre 1652, p. [45]); *8xor* (au lieu de *uxor*), par le P. J.-I. Duperon (18 mai 1642, p. [25]).

15 À propos de l'emploi du caractère 8 pour remplacer le son « ou », le P. Jean-Baptiste de La Brosse confirme l'usage grec de cette abréviation, que l'on retrouve d'ailleurs dans les manuels de paléographie grecque. « Au sujet de la lettre *u*, "Nous ne l'avons pas rendue par le 8 grec, dont la plupart se servent mal à propos : *8* est en effet une diphtongue, *u* une voyelle simple. Jusqu'à maintenant on a publié beaucoup de livres et à l'avenir on devra en publier davantage; et comme les caractères grecs ne s'assortissent pas avec les caractères romains, à cause de la hauteur des lignes, il sera tout à fait difficile de faire imprimer des livres avec ce caractère." » (Jean-Baptiste de La Brosse, *Montanicae Linguae Elementa*, Caput 1, De Litteris, n° 14). Le P. de La Brosse pense ici à son imprimeur de Québec, Brown & Gilmore, où il a déjà fait imprimer plusieurs ouvrages en langue montagnaise, dont le *Catalogue des Indiens de Tadoussac* (1767); des *Calendriers montagnais*, depuis 1766 jusqu'en 1785; un *Abécédaire montagnais* (1767); un catéchisme-livre de prières *Nehiro-Iriniu* (1767) et un *Abécédaire abénaki* (1770). D'ailleurs cette abréviation grecque se retrouve sur les icônes grecques, ex. génitif du mot « Dieu » (Théou) : θε8 au lieu de θεου.

Rappelons que cet usage ne commence qu'à la page [8] du registre avec un acte du P. Paul Le Jeune (2 décembre 1638), sous la plume du P. Claude Pijart.

Les trémas sont utilisés par certains rédacteurs pour séparer les syllabes (ex. Neïabamat) ou pour indiquer une non-nasalisation du *n* (ex. Han̈ran̈8eremit).

Les lettres *ch* et *k* : le registre laisse entrevoir de nombreuses variantes dans l'expression des noms amérindiens, où les finales ch et k semblent intervertibles. Cela est particulièrement visible sous la plume du P. François Crespieul, lorsque l'on compare ses écritures des noms amérindiens dans le *Second Registre de Tadoussac* et dans le *Registre de Sillery.* De même quand on compare ses listes de confirmés, qui apparaissent dans les deux registres. Les terminaisons en *8k, ik* et *ik* du *Registre de Sillery* deviennent *8ch, ich* et *ic* dans le *Second Registre de Tadoussac.*

Le dialecte en *r* est très présent dans le *Registre de Sillery.* Si l'index des noms de personnes commençant par la lettre *r* ne comporte que six mots (Index, p. 400), il n'en est pas de même dans l'ensemble du registre. Un échantillonnage dans les mots commençant par les lettres *A, K* et *8* (*ou*), lettres sous lesquelles apparaissent le plus grand nombre de noms amérindiens, soit 54,5 %, montre que près de 20 % des mots contiennent la lettre *r*[16]. En 1768, le P. de La Brosse avait noté l'interchangeabilité des lettres *n, l* et *r.* Toutefois il juge bon de conserver le *r,* parce que cette lettre est typiquement montagnaise et d'un usage plus fréquent dans la prononciation. Ainsi, il écrira « Girmore » au lieu de « Gilmore »[17].

Comme l'a noté Monsieur David Cooter, dans l'introduction à *Apparat français-montagnais,* du P. Pierre Laure[18] :

> À première vue la phonologie rappelle la langue parlée par les Attikameks de la rivière Saint-Maurice au Québec, parce que dans l'est du Canada cette langue est la seule aujourd'hui où l'on entend le son /r/.
>
> Pour le montagnais de l'ouest, c'est-à-dire de Pointe-Bleue et de Betsiamites, on trouve /l/ au lieu de /r/ et à partir de Sept-Îles en descendant la Côte-Nord, on emploie /n/. C'est ainsi que *orakan,* plat des Attikamek, devient *ulakan* et ensuite *unakan.*

16 Sous la lettre A, on compte 289 entrées, dont 73 noms comportant un ou deux *r,* soit un pourcentage de 25 %; sous la lettre *K,* totalisant 425 entrées, 63 comportant *r,* pourcentage de 14,8 %; sous la lettre *8* (*ou*), total de 765 entrées, dont 155 comportant un *r,* soit 20,25 %. Grand total de 1479 entrées, dont 291 comportent *r.* Pourcentage final de 19,67 %.

17 L.-P. Hébert, *Histoire ou légende? Jean-Baptiste de La Brosse,* Montréal, Fides, 1984, p. 250.

18 David Cooter, *Apparat français-montagnais,* coll. Tékouerimat n° 9, Presses de l'Université du Québec, Montréal, 1988, p. XLII.

Mariage, adoption, parrainage

Mariage

Le *Registre de Sillery* n'est pas un registre de mariages, mais il nous fournit des indices permettant de déduire un certain nombre de mariages amérindiens.

Les registres français de l'époque mentionnent habituellement la légitimité de l'enfant par les expressions « enfant légitime de... » ou né « du mariage légitime de... ». Au *Registre de Sillery,* sauf deux fois (1er août et 24 septembre 1641, p. [41]), ces expressions ne se rencontrent pas. De plus, jamais on ne qualifie les baptisés d'enfants « illégitimes » ou « naturels ». Quand les parents sont mariés, le rédacteur fait suivre le nom des parents des mots *conjugibus* (conjoints) ou *junctis matrimonio* (unis par le mariage); ou celui de la mère de *uxore* (épouse).

Il arrive que la cérémonie du mariage suive immédiatement le baptême; ainsi le 17 janvier 1646, le P. Dequen baptise deux Amérindiens « *matrimonio junctos post sufficientem intructionem* » (unis par le mariage après une instruction suffisante) (p. [140]).

Mariages interethniques

Les unions amérindiennes sont loin d'être limitées à une seule nation; les alliances exogames sont nombreuses, entre autres chez les Hurons; il y eut également des mariages entre Montagnais (de Tadoussac) et Algonquine, 10 mai 1640 (p. [15]); Abénaquis et Algonquine, 9 mai 1681 (p. [94]); Abénaquis et Algonquine, 4 octobre 1675 (p. [74]; Etchemin et Algonquine, 29 octobre 1675, (p. [74]).

Parmi les quatre cas de mariage entre Français et Amérindiens, relevés par M. Marcel Trudel dans sa *Population du Canada en 1663*[19], deux se retrouvent dans notre registre : Jean Durant et Catherine Annennonta, huronne (p. [65, 146, 153]) - remariée avec Jacques Cousturier, elle fait baptiser un enfant le 28 mars 1679, Catherine Annonta (Annennonta), (p. [165]); Laurent Dubos et Marie-Félix 8enton8en, huronne (p. [164]), mariage raconté par le *Journal des Jésuites* (p. 312).

19 Marie-Olivier Manitouabéouiche et Martin Provost, 3 novembre 1644; Marie-Félix Aronta et Laurent Duboct, 19 septembre 1662; Catherine Annennontak et Jean Durand, 26 septembre 1662; Marie Mite8amig8k et Pierre Couc dit Lafleur, 26 septembre 1662; Une Nipissirienne et Jean Nicolet, dont naîtra Madeleine-Euphrosine mariée à Jean Leblanc, 21 novembre 1643; puis à Élie Dusceau dit Lafleur le 22 février 1663 (Marcel Trudel, *La population du Canada* en 1663, Montréal, Fides, 1973, p. 27-28).

En plus, le registre fait allusion au mariage de Luc Roger et de Françoise 8tagamisk8e8 (p. [38]); de Mathieu Kan8ataha et de Jeanne Labarre (p. [62]); de Madeleine Tegochik, Montagnaise, et de Nicolas Peltier (p. [79]).

Quant au mariage de Nicolas Jérémie avec la Montagnaise Madeleine Teta8isek8e, il fut annulé pour raison de majorité. Le mariage avait été béni par le P. François de Crespieul à Chicoutimi le 3 juin 1693[20]. Comme Nicolas Jérémie n'avait pas encore vingt-cinq ans (âge de la majorité sous le régime français), à la demande de son père Noël Jérémie, le Conseil Souverain annula le mariage[21].

Métissage

Les cas de métissage sont peu nombreux dans le *Registre de Sillery*. En plus des enfants issus des mariages franco-amérindiens précédents, le registre fait également état d'un enfant de Jean-François Durbois et de Paule, Abénaquise (24 janvier 1681, p. [93]).

Adoption

Les orphelins étaient nombreux dans la société amérindienne. La parenté (grands-parents, oncles, tantes, etc.) se chargeait d'eux. Orphelin de père ou de mère (dont le survivant n'est pas toujours chrétien, ni catéchumène), ou orphelin de ses deux parents, l'enfant baptisé est ainsi pris en charge par des parents qui sont peut-être en même temps ses parrains. Ce rôle de suppléance allait de soi chez les Amérindiens de Sillery.

Le registre contient au moins une quinzaine de cas d'adoption ou l'équivalent, où des grands-parents, des oncles, tantes, proches parents, etc. élèvent leur petit-fils ou leur neveu orphelin. Citons quelques cas :

> Le 24 juin 1640, le P. B. Vimont baptise Françoise Piminak8ek8e âgée de quatorze ans « *parentibus orbatam, curam ejus habet Jo. bap. Ekineska8at* » (orpheline, dont Jean-Baptise Ekineska8at prend soin) (p. [16]). Ce dernier est un chef indien important.
>
> Olivier Letardif avait adopté la jeune Huronne Marie-Olivier 8chista8ichk8e, qu'il fit élever chez les Ursulines et qui deviendra la femme de Pierre Provost en 1644.
>
> Le 28 août 1647, le P. Gabriel Druilletes baptise un enfant de neuf ans, vivant sous la tutelle de son oncle Jean-Baptiste, qui lui sert de parrain (p. [36]).

---

20 Léonidas Larouche, *Le Second Registre de Tadoussac* (1668-1700) [SRT], Coll. Tekouerimat n° 1, Les Presses de l'Université du Québec, Montréal, 1972, fol. 36, p. 98.

21 *Jugement et délibération du Conseil souverain de la Nouvelle-France*, vol. III, Québec, A. Côté et Cie, 1887, p. 850-851.

Le 6 avril 1660, Marie Nitig8k8e (Algonquine ou Montagnaise) adopte un adolescent agnier de treize ans (p. [56]).

La liste des confirmés de Québec de 1668 mentionne un enfant adopté : Louis Niaganets (p. [121]).

Les cas d'abandon sont extrêmement rares, semble-t-il. L'un des cas les plus émouvants est raconté par le P. Paul Le Jeune dans un acte du 13 février 1649. Un enfant papinachois de six ans, orphelin, qui allait être tué, est sauvé par Marie 8tchestig8k8e qui l'adopte (*eum alendum suscepit*) (p. [38]).

Le parrainage

Le rôle des parrains dans la jeune chrétienté de Sillery fut important. Les parrains furent appelés fréquemment à suppléer au défaut de parents. D'ailleurs les parrains ont toujours joui d'un grand respect dans le monde autochtone.

La cérémonie du baptême solennel revêtait une grande importance dans la vie de la jeune chrétienté amérindienne de Sillery et le choix des parrains et marraines n'était pas négligeable. Dans ce choix le facteur politique est loin d'être absent.

Plusieurs personnalités françaises de haut rang rehaussent la cérémonie. Les gouverneurs Huault de Montmagny, Dubois d'Avaugour, Buade de Frontenac, Chomedey de Maisonneuve, les fondatrices Jeanne Mance, la duchesse d'Aiguillon et Madame de la Peltrie, des notables de la société française du XVIIe siècle, comme Jérémie dit Lamontagne, des membres des familles Juchereau, Legardeur, Leneuf de la Potherie, Rouer de Villeray, Ruette d'Auteuil, etc., y sont parrains d'enfants indiens.

Le *Registre de Sillery* met également en évidence les personnalités du monde amérindien qui sont « dans les honneurs ».

Le chef Noël Negabamat\Tek8erimat sera parrain au moins 9 fois, entre autres de la femme de François-Xavier Nenask8mat (l'une des deux premières familles de Sillery) (24 juin 1639, p. [10]). Son fils Charles et sa femme Marie sont aussi parrains à plusieurs reprises. Parmi les Amérindiens qui sont parrains le plus souvent, on remarque par ordre de fréquence : François-de-Sales 8ambiganich (15 fois), Étienne Neketnant (9 fois), Marine Chiberinansk8e (8 fois), Agnès Apichime (8 fois), Barnabé Michtikoman (Mistikoman) (5 fois), Marie-François Tek8erimansk8e (femme de Noël Tekouerimat) (4 fois), Charles, fils de Noël Tekouerimat (3 fois), Guillaume Penaz8ret (5 fois), Susanne Kibabmetesk8e (4 fois), François-Xavier Hanra8eremit (4 fois), Jean-Baptise Etineskabat (4 fois), Marie Calliope (4 fois), Françoise Apameisk8e (4 fois), Charles Meiachkabat (3 fois), Simon Matabach (3 fois), Simon Karomichit (3 fois), Martin Echinechka8at (3 fois), Marie-Madeleine Bramenabeisk8e (3 fois), Hélène 8tchk8eiaban8k8e (3 fois), Marguerite 8eraminibe (3 fois).

Dans le choix des parrains amérindiens, on fait souvent appel à la parenté; les grands-parents, les oncles, les tantes, etc., qui, d'ailleurs, sont assez souvent des parents adoptifs (voir ci-dessus : l'adoption).

Le cas de Marie-Olivier, fille adoptive d'Olivier Letardif, est intéressant : le 14 janvier 1642, chez les Ursulines où elle était pensionnaire, elle est marraine de la fille du célèbre Étienne Pigar8ich (p. [24]). Le 18 mai suivant, toujours chez les Ursulines, elle est de nouveau marraine de Claire Aiamik8e (p. [25])[22].

Des Français tiennent à avoir « leur » filleul « indigène ». Il y a même plusieurs cas de bienfaiteurs, résidant en France, qui tiennent à être parrains à distance par procuration. C'est le cas de la duchesse d'Aiguillon, fondatrice de l'Hôtel-Dieu; de Madame de Cuse, représentée par Madame de La Peltrie (26 avril 1646, p. [33]); du dénommé De Chabenas, de Bourges, représenté par Jean Raguau (13 février 1649, p. [38]); de Marie [ ][23], épouse du feu Sieur Pinette, demeurant autrefois à Bourges et représentée par Pierre Bruel (13 février 1649, p. [38]); de Martin [ ], du diocèse d'Angers, représenté par Louis Couillard (8 avril 1641, p. [19]); de Jean-François [ ], vivant en France et représenté par Jacques Lamothe (18 décembre 1657), p.[54]; de Jean Peré, représenté par François Poisson, « donné » (22 avril 1665, p. [64]); de François Laval, neveu de Mgr de Laval (20 août 1683, p. [100]).

Dans deux cas, les parrains par procuration sont des Amérindiens; le 16 octobre 1667, Étienne Nahabamat tient l'enfant au nom du Sieur Abraham Maximy (p. [67]); le 10 juin 1668, Thérèse 8ki8ehab8g8k8e représente Madeleine de Chavigny, femme de Charles Amiot (p. [68]).

Enfin il faut noter que souvent on associe un parrain français avec une marraine amérindienne et vice versa; par exemple le 10 juillet 1642, p. [26]; 7 octobre 1642, p. [27]; le 7 avril 1650, p. [40]; le 3 septembre 1650, p. [41].

L'analyse de la nationalité des parrains des baptisés indiens fournit des renseignements sur l'état de la chrétienté de Sillery. Il serait normal qu'au début d'une nouvelle chrétienté, on ne puisse faire remplir la charge de parrains par les Amérindiens eux-mêmes et qu'on fasse appel aux Français, mais à mesure que la chrétienté s'implante et se consolide, qu'elle puisse choisir ses parrains dans son propre sein - sans négliger toutefois le facteur politique. Or, ce n'est pas le cas.

Le nombre d'Amérindiens baptisés dans le *Registre de Sillery* s'élève à

---

22 Sur Marie Olivier 8chista8ichk8e, femme de Martin Prévost, ancêtre des Prévost et des Provost, voir Honorius Provost, ptre, « Premier mariage d'un blanc avec une autochtone en Nouvelle-France », *L'Ancêtre - Bulletin de la Société de généalogie de Québec*, vol. 14, n° 2, octobre 1987, p. 59-61.

23 Les crochets [ ] vides indiquent un blanc dans la rédaction de l'acte. Les [?] indiquent une difficulté de lecture. (Cf. Présentation du *Registre de Sillery*, coll. Tekouerimat n° 11, p. 87)

1716, dont 1289 (75 %) ont eu des parrains et/ou marraines[24]. Pour les 1289 baptisés ayant eu des parrains, on compte 1234 parrains[25]. De 1638 à 1688, les 1289 baptisés amérindiens « parrainés » ont eu des parrains français dans la proportion de 59,1 % (729) et des parrains amérindiens dans la proportion de 40,9 % (505).

Si on fait la distribution des parrains français et indiens année par année, on a des surprises : les Français dominent au début, mais à peine, puis ils ont pratiquement le monopole du parrainage des Amérindiens dans les années 1656-1671; et dans la suite, ils détiennent la grande majorité du parrainage jusqu'en 1680, date à laquelle Sillery devient abénaquise. À partir de cette date, le parrainage est largement contrôlé par les Indiens eux-mêmes.

Comment expliquer cette situation? la presque désertion de Sillery après l'incendie de l'église et de la résidence? ou tout simplement l'échec du projet de réduction de Sillery, c'est-à-dire du projet de sédentarisation des Algonquins et des Montagnais?

Noms et surnoms

Noms et surnoms amérindiens

À sa naissance ou peu après, l'enfant reçoit un nom qui lui est propre; les Amérindiens n'avaient pas de patronyme, ce qui rend plus difficiles l'identification et la filiation des personnes[26]. L'hérédité d'un nom indien est rare. On a bien Gabriel 8inask qui porte le même nom que son père Barnabé 8inask (18 mai 1675, p. [79], mais c'est exceptionnel. Au registre, les Amérindiens non chrétiens ou catéchumènes ne sont donc identifiés que par leur nom indien. Au baptême, ils reçoivent un ou des prénoms chrétiens.

Lors du baptême de l'enfant, il arrive souvent que son nom indien ne soit pas encore choisi, p. ex. :« *cui nondum barbarum nomen impositum erat* » (p. [102]); « *puero nondum inditum est nomen barbarum* » (p. 105) (à qui le

24 Pour les 427 autres baptisés, le registre ne mentionne pas de parrains. Il y a plusieurs raisons à cela : on ne donne des parrains et on n'attribue un nom de baptême que lors du baptême solennel ou lorsqu'on complète les cérémonies solennelles du baptême. Or dans certaines situations urgentes, comme le danger de mort, on ne fait qu'ondoyer le candidat. L'attribution des parrains, qui pourrait se faire lors du « baptême suppléé », n'est pas toujours inscrite au registre, soit qu'elle n'ait pas eu lieu, soit qu'elle n'ait pas été possible, soit qu'elle soit inscrite dans un autre registre.

25 Aux baptêmes des Amérindiens, on se contente souvent d'un parrain ou d'une marraine, surtout quand la cérémonie comporte plusieurs baptêmes.

26 Selon le P. Pierre Laure, s.j., leur généalogie était un labyrinthe (David Cooter, *Apparat français-montagnais du P. Pierre Laure*, coll. Tékouerimat n° 9, p. 585, article « Parenté »).

nom indien n'a pas encore été imposé); ou encore « *sine cognomine* » (sans nom) (p. [58]). Le cas est fréquent dans les actes des PP. J. et V. Bigot (période abénaquise de Sillery). Cette absence de nom amérindien rend beaucoup plus difficile l'identification des personnes.

Les noms indiens sont souvent descriptifs; ils peuvent provenir de la nation : ainsi *8etechemisk8e* signifie 'une femme etchemine' (22 mai 1667, p. [67]); Françoise *8abnakisk8e*, 'femme abénaquise' (5 octobre 1686, p. [112]).

On rencontre des noms ou prénoms français indianisés : Pélagie *Jaquesk8e* (femme de Jacques) (20 juin 1687, p. [114]); *Paulchis* (le petit Paul ou le fils de Paul) (18 octobre 1674, p. [78]). D'autres noms sont empruntés à la mythologie amérindienne : *Tchakabech* (nom fabuleux), 3 ans (10 mai [ ] p. 15)[27]; Le nom du mari est parfois féminisé : Catherine *Penaz8resk8e*, (la femme de Penaz8ret) (p. [111]); Marie-Françoise Tekouermansk8e (la femme de Tekouerimat).

Parfois on peut soupçonner le missionnaire d'avoir forgé le nom pour la circonstance, faute de mieux.

Surnoms français

Des surnoms français sont parfois attribués à certains Indiens qui se font remarquer par des traits plus accentués, dus sans doute à leur caractère ou à leur occupation dans la société indienne : *L'Arquebuze* (p. [23]); *Le Marchant* (p., [23]); *Castillon* (p. [24]); *Compère Colas* (p. [24]); le grand Jacques (p. [78, 88, 164]); Marie la petite femme Chestig8k8e (p. [23]); 8abmek8e vulgo La tresse blanche borgnesse (20 juillet 1642, p. [27]); Nejoguet dicto Capitaine Arche (30 octobre 1667, p. [67]).

On rencontre aussi quelques indianisations de noms français comme *Desorsich* (diminutif de Dessorcy); ce dernier était peut-être un métis.

Changements de nom

Le *Registre de Sillery* confirme les *Relations* de 1639[28]. Il y avait eu Negabamat qui était devenu Noël Tek8erimat après son baptême, le 8 décembre 1638. La *Relation* de 1650 fait allusion « à Noël Negabamat, qu'on

27 A. Silvy, s.j., *Dictionnaire montagnais-français*, transcr. de L. Angers *et al.*, Les Presses de l'Université du Québec, 1974, p. 153.

28 « On me dit encore que les Sauvages changent souvent de noms. On leur en donne un en leur naissance, ils le changent en l'âge viril, et en prennent un autre en leur vieillesse; voire mesme si quelqu'un est bien malade, s'il n'échappe de cette maladie il quittera parfois son ancien nom, comme s'il luy portoit malheur pour en prendre un autre de meilleur augure. » (*R.J.* 1639, p. 45)

appelle à présent Tek8erimat »[29]. Neaptamat, chef de Tadoussac, prend le nom d'Etouait, nom de son prédécesseur, afin de le faire revivre[30]. Charles Negaskaouat, chef de Tadoussac, est choisi comme successeur de Noël Tekouerimat à Sillery en 1669. On lui donne « le nom de Tekouerimat et sa charge; ce qui s'appelle parmi eux ressusciter un Capitaine[31] ».

Le registre en mentionne d'autres :

Philippe Sakapo8an alias Ka8aban8nket (20 juillet 1641, p. [21];
Augustin 8abigar8 alias Pesek8si8it (31 janvier 1642, p. [25];
Salomon 8matisik8e s'appelait auparavant Pentachtam8sethch (14 septembre 1644, p. [31]);
René At8ré devient René Miaresitch (29 avril 1646, p. [33]);
Maurice Ganatchik8e alias Kapenamkana (4 septembre 1647, p. [36]);
Jean 8iasapmat alias Kepitenat (20 septembre 1647, p. [36]);
Thomas Ka8as8etch alias Isk8ekichik (18 janvier 1649, p. [38]);
François K8ek8eribab8g8ch s'appelle maintenant 8taët8t (11 octobre 1650, p. [41]);
8misit8se s'appelait autrefois 8tapim8atchi8anon (22 novembre 1656, p. [56]);
François Pepamisetch s'est métamorphosé en 8a8ang8ch (24 février 1660, p. [57]);
Charles Tek8erimat ou Nita8abist9nagan (19 octobre 1672, p. [72]).

Sépulture, culte des morts, mortalité et longévité

Les sépultures

Bien que le *Registre de Sillery* ait été réservé d'abord aux baptêmes, on y a inscrit environ dix-sept actes de sépulture proprement dits. Ils datent des années 1680-1681 et ne valent que pour les Amérindiens; ils sont de la main du P. Jacques Bigot et se rattachent à la période abénaquise de Sillery (p. [93-95]).

De plus, une quarantaine d'actes donnent des renseignements sur les décès. La seule année 1638 compte neuf actes comportant des additions d'ordre mortuaire, toutes rédigées après coup par un même réviseur du registre. Des notes marginales, ou des additions, indiquent que le baptisé est décédé à telle date et a été enterré dans le cimetière de Sillery. Ainsi le 18 avril 1638, un second rédacteur a ajouté à la fin de l'acte : « *mortuus est* ». Parfois le complément est plus précis, p. ex. « *obiit paulo post* » (il mourut peu

29 *R.J.* 1650, p. 35.

30 *R.J.* 1644, p. 66-67.

31 *R.J.* 1669, p. 23.

après); ou encore « Kebeci obiit 4 feb. 1656 » (note marginale p. [57]).

D'autres actes de baptêmes contiennent des informations indirectes sur les décès : la mention de décès des parents ou la qualification d'orphelin ajoutée au nom de l'enfant. D'autres fois, le registre fait des allusions aux décès : ainsi on n'a pas l'acte de sépulture du chef Tekouerimat, mais le registre contient des allusions à sa tombe au cimetière de Sillery (p. [95]).

Culte des morts

Dans la mentalité amérindienne, le cimetière de Sillery était important. Des Amérindiens transportaient leurs morts sur plusieurs lieues pour les y faire reposer. Plusieurs d'entre eux se feront transporter à Sillery pour y venir mourir et y être inhumés.

Le registre contient quelques détails sur le cimetière de la mission qui est mentionné pour la première fois le 11 novembre 1645 (p. [32]). Il y avait un cimetière des enfants (*coemeterium parvulorum, puerorum, infantium*) et un cimetière des adultes. En 1681, le souvenir du chef Noël Tekouerimat (décédé en 1666) était toujours vivant; en effet, en juillet et août 1681, le P. Jacques Bigot mentionne deux sépultures faites près de la tombe de Tekouerimat (*prope tumulum Tekouerimat*). Le 7 mai 1681, le même P. Jacques Bigot inhume dans le cimetière des enfants deux enfants morts depuis deux mois (p. [94]).

Le *Second Registre de Tadoussac* 1668-1700) complète notre information sur les sépultures de Sillery. En 1675, la fille de Robert Negaska8at et la fille de Jacques l'Algonquin meurent en forêt; elles seront inhumées toutes deux au cimetière de Sillery[32]. En 1684, « *Obiit Sylleriacy et sepulta est Maria Magdalena filia 8eskini* » (À Sillery mourut et fut inhumée Marie-Madeleine, fille de 8eskini)[33]. En 1687, « ... *et [obierunt] Silleriaci Ludov. Matchigaba8it et Cecilia filia Ludov. Kestabistichit ibique a PP. sepulti* » (et moururent à Sillery Louis M. et Cécile, fille de Louis K. et ils y furent inhumés par les Pères)[34]. En 1687, c'est au tour de Louis Kestabichistichit, chef montagnais, assisté par le P. Jacques Bigot[35]. En 1687, « *In Miss. Silleriacensi obiit 8nimita sacramentis munita* » (À la mission de Sillery mourut 8nimita munie des sacrements)[36].

Le manuscrit *Mors pretiosa* du P. de Crespieul constitue, lui aussi, un complément aux sépultures de Sillery. Vers 1675, Charles Tekouerimat, chef de Sillery et des Montagnais du Lac-Saint-Jean, se fait transporter à Sillery pour

32 L. Larouche, *SRT*, fol. 47v, p. 113.

33 L. Larouche, *SRT*, fol. 49v, p. 121.

34 L. Larouche, *SRT*, fol. 51v, p. 128.

35 L. Larouche, *SRT*, fol. 50v, p. 124.

36 L. Larouche, *SRT*, fol. 51r, p. 125.

venir y mourir; il y fut assisté et inhumé par le P. Jacques Vaultier, alors supérieur de la résidence[37]; plus tôt la même année, il avait reçu le saint viatique à Chicoutimi, de la main du P. de Crespieul[38]. Anne, femme de Jean A8atich (Abitibien), meurt à Sillery, toujours sous le supériorat du P. Jacques Vaultier[39].

La *Mors pretiosa* apporte des précisions sur Louis Kestabistichit déjà mentionné dans le *Second Registre de Tadoussac.* « Chef de Cheg8timy qui à son retour de la guerre contre l'Iroquois où il avait fait merveille, s'étant acquis l'estime de M. de Denonville et l'affection de tous les français et des sauvages, étant tombé malade au pays, fut apporté à Sillery, où les Rév. Pères Jacques et Vincent Bigot l'assistèrent, et lui ayant administré les derniers sacrements l'enterrèrent fort honorablement. »[40] Plus loin dans son ouvrage, le P. de Crespieul revient sur Louis Kestabistichit, « notre bienfaiteur et bon ami, qui décéda à Sillery au retour de la guerre de M. de La Barre, après avoir reçu les sacrements des mains du P. Jacques Bigot ».[41] Sa fille, Cécile, mourut, elle aussi, à Sillery[42].

Toujours selon la *Mors pretiosa,* Susanne Kiask, femme du « renommé chef des Montagnais Noël Negaska8at », et mère de Jean-Baptise 8stianich, chef de Tadoussac, « se fit porter à la résidence de Sillery » pour y mourir[43]. L'aînée des filles de Catherine K8ekis, de Chicoutimi, décéda à Sillery « aidée par les Rév. PP. Bigot »[44]. Barbe 8ta8isk8e, femme de Simon Karomichit, chef montagnais du Lac-Saint-Jean, avait demandé à être enterrée au cimetière Saint-Charles de Metabetchouan. S. Karomichit « fit 25 lieues pour l'y transporter et lui donna une sépulture honorable »[45].

Mortalité et longévité

On sait que l'espérance de vie des Amérindiens n'était pas très élevée. En l'absence presque complète de données sur les décès, il faut se rabattre sur quelques indices contenus dans notre registre.

37 François de Crespieul, *Mors pretiosa,* n° 1, dans *Manuscrits montagnais,* p. 25-48 (Archives de l'archevêché de Québec); paru en partie dans *Rapport sur les missions du diocèse de Québec,* n° 17, avril 1866, p. 31-35, précédé d'une notice historique sur la mission Saint-François-Xavier de Chicoutimi (1661-1702), p. 23-30.

38 L. Larouche, *SRT,* fol. 47v, p. 112.

39 François de Crespieul, *Mors pretiosa,* n° 8. Le P. de Crespieul n'indique pas d'année, mais ce décès doit s'être produit vers 1675, car le P. J. Vaultier se trouvait en poste à Sillery entre le 6 décembre 1672 et le 28 septembre 1680.

40 François de Crespieul, *Mors pretiosa,* n° 26.

41 François de Crespieul, *Mors pretiosa,* n° 56.

42 François de Crespieul, *Mors pretiosa,* n° 26.

43 François de Crespieul, *Mors pretiosa,* n° 45.

44 François de Crespieul, *Mors pretiosa,* n° 53.

45 François de Crespieul, *Mors pretiosa,* n° 6.

Les compléments apportés aux actes de baptêmes montrent que la mortalité infantile était très élevée, et le libellé même des baptêmes mentionne assez souvent que la mariée est veuve (*vidua*), ce qui laisse entendre que les maris meurent plus tôt. Mais cela vaut aussi pour les Français de Sillery. On rencontre rarement la mention *viduus* (veuf) pour les hommes. Par ailleurs plusieurs actes de baptêmes mentionnent que l'enfant n'a que l'un des deux parents, selon l'expression *matre* ou *patre superstite* (survivant); ou encore *ex patre defuncti*; ou *ex matre defunctâ*.

On pourrait aussi trouver un échantillonnage dans *Mors pretiosa* du P. Crespieul, qui vaut surtout pour les Montagnais du Saguenay mais inclut plusieurs habitués de Sillery.

Quelques cas exceptionnels de longévité : le 24 août 1686, le P. J. Bigot baptise deux femmes, Marie et Anne, toutes deux âgées de près de cent ans (p. [111]); le 29 novembre 1677, le P. Jacques Vaultier baptise une Abénaquise plus que nonagénaire (p. [87]).

Méthodologie et validité des résultats obtenus

La lecture et la consultation du *Registre de Sillery* ne sont pas faciles : sa rédaction en latin, les écritures d'époque dont la graphie diffère considérablement de la nôtre, leur diversité (une quarantaine d'écritures différentes), avec chacune ses caractéristiques : formation particulière de certaines lettres, extrême finesse de l'écriture, utilisation d'abréviations (p. ex. le P. Gabriel Druilletes), etc., constituent autant de pierres d'achoppement pour les chercheurs et les généalogistes. La connaissance de la paléographie latine et la consultation d'un certain nombre de spécialistes nous ont été d'un grand secours dans le déchiffrement de certains passages.

La comptabilité des baptisés de Sillery n'est pas simple. Pour faire la compilation des baptêmes du *Registre de Sillery* il faut tenir compte des diverses façons d'administrer le baptême. Sinon, on risque de compter plusieurs fois le même baptisé.

Le baptême normal est le baptême « solennel » (*ritu solemni ou cum caeremoniis*). C'est le baptême officiel comprenant l'ablution du baptisé (essence du sacrement) avec les cérémonies solennelles (imposition du sel, les onctions, imposition du nom par le parrain et la marraine, etc.). On retrouve les détails des cérémonies du baptême dans le *Rituel du diocèse de Québec*, publié par Monseigneur de Saint-Vallier en 1703.

Dans les cas urgents, danger de mort par exemple, on s'en tient à l'essentiel du baptême, c'est-à-dire l'ablution ou l'ondoiement (*ablui, ondoyer, ou ablui sacris undis*). C'est le baptême « sans cérémonies » (*sine caeremoniis ou sine solemni ritu*). On n'impose pas de nom au baptisé, mais on peut lui en choisir un (*nomen destinatum est...*; ou encore *vocandus est ... dum solemnes ritus adhibebuntur*); il sera appelé... à la réception des cérémonies solennelles. Il n'a pas de parrain ni marraine.

Quand le baptisé ondoyé survit et que les circonstances le permettent, il reçoit ensuite le baptême « suppléé ». L'expression employée est « *supplevi caeremonias, adhibui solemnes baptismi ritus* » (+ datif) ou encore « *caerimoniis initiavi* » (+ accusatif). On célèbre les cérémonies sacramentelles et les parrains imposent un nom au baptisé. Ainsi le 21 novembre 1639, le chef Jean-Baptiste Etinechka8at reçoit les cérémonies solennelles du baptême, reçu auparavant sans cérémonies à Québec. Thérèse Iskouechis, baptisée sans cérémonies le 14 août 1638, et son mari Louis Mataouchkariniou, ondoyé le 24 août 1638, reçoivent les cérémonies solennelles du baptême le 2 décembre 1638 (p. [8]).

Il y a aussi des baptêmes « sous condition », quand il y a doute (le candidat a-t-il été baptisé?... parfois le candidat ne se souvenait pas s'il avait été baptisé) ou quand la validité du baptême est remise en question (si le baptême a été administré *in casa*, c'est-à-dire dans la cabane par une personne autre que le missionnaire).

La connaissance de ce qui précède est nécessaire pour faire une compilation valide des baptêmes contenus dans notre registre. Le baptême solennel ne pose pas de problème de comptabilité. Ni le baptême sans cérémonies et son complément de cérémonies solennelles lorsqu'ils sont inscrits dans le même acte; mais il n'en est pas toujours ainsi.

Les cas suivants peuvent se présenter :

1. Le baptême sans cérémonies n'est pas suivi des cérémonies suppléées ou, en tout cas, le registre n'en parle pas; la compilation ne pose pas de problème.

2. Le baptême sans cérémonies et les cérémonies suppléées sont inscrits au registre mais dans deux actes différents; en ce cas, il faut considérer un seul baptême. Si le rédacteur a eu la bonne idée de faire un renvoi au premier acte (baptême sans cérémonies), p. ex. 2 février 1678, p. [87], à la bonne heure! Sinon, le comptable devra veiller à ce que le baptême ne soit compté qu'une fois.

3. Le baptême sans cérémonies n'apparaît pas au registre, mais le baptême suppléé fait l'objet d'un acte. En ce cas, il faut le compter.

4. Reste le cas des baptêmes sous condition. Le candidat a-t-il été baptisé? Le discernement sûr n'est pas toujours possible. Il arrive souvent qu'à l'occasion du baptême l'enfant ne reçoive qu'un nom, son nom indien lui étant imposé plus tard. Comment s'y reconnaître ensuite à travers tous ces « Joseph » et toutes ces « Marie », dont quelques-uns seulement recevront les cérémonies solennelles et que le registre mentionnera peut-être ou ne mentionnera pas. D'autant plus que les variations de prénoms de baptême ne sont pas à exclure : Catherine et Marie-Catherine ne font-elles qu'une seule personne? Résultat : en plusieurs cas il faut faire une interprétation qui contient nécessairement une part de subjectivité[46].

46 Les données du *Registre de Sillery* ont été traitées à l'aide du logiciel « dBASE ». On trouvera les tableaux et les graphiques dans l'« Introduction » au registre.

Première alliance interculturelle Rencontre entre Montagnais (Ilnus) et Français à Tadoussac, 27 mai 1603

Camil Girard*

La communication de M. Camil Girard a déjà été publiée sous forme d'article, sous la signature Camil Girard et Édith Gagné, dans Recherches amérindiennes au Québec, *vol. XXV, n° 3, 1995, p. 3-14, et dans* Saguenayensia, *vol. 38, n° 1, p. 3-13, 1996. Les lecteurs pourront donc prendre connaissance du résumé ci-dessous et consulter l'une des deux publications indiquées pour le texte complet.*

Résumé

Les auteurs de cet article analysent d'abord ce que l'histoire a retenu de la rencontre historique qui a eu lieu entre Français et autochtones à la pointe Saint-Mathieu, près de Tadoussac, le 27 mai 1603. Ils font ensuite le point sur les personnages et les événements liés à cette affaire et, à travers quelques commissions et lettres patentes, ils examinent les changements qui se profilèrent alors dans la manière dont la France entendait gérer les nouveaux territoires d'Amérique. Un bilan est enfin tracé de cette rencontre qui, à l'évidence, peut vraisemblablement apparaître comme une première alliance entre Français et peuples autochtones.

* Camil Girard est chargé de cours et chercheur au Département des sciences humaines à l'Université du Québec à Chicoutimi et membre du Groupe de recherche sur l'histoire (GRH).

Colloque professionnel

« Sciences et sociétés autochtones, Partenaires pour l'avenir »

Première partie
Négociations territoriales et droits autochtones

Enjeux des négociations territoriales en Nitassinie

Jacques Kurtness*

Possibilités de coexistence en Nitassinie

Depuis le 17 avril 1982, les droits ancestraux font l'objet d'une reconnaissance constitutionnelle explicite : les droits existants des peuples autochtones ont été reconnus et confirmés au paragraphe 35(1) de la *Loi constitutionnelle de 1982.* Ces droits existants comprennent les droits ancestraux (point de vue autochtone) et les droits issus de traités résultant d'un accord conclu avec la Couronne.

D'une part, le point de vue des Innus (Montagnais) est reflété via les droits ancestraux. Ceux-ci doivent, d'autre part, être harmonisés du point de vue de la Couronne pour devenir des droits issus de traités ou d'ententes.

Un objectif majeur de la négociation consiste à réconcilier les régimes fonciers et les modes de gouvernement autochtones avec ceux du Canada et du Québec en tenant compte de la sémantique et des conceptions sous-jacentes. Il s'ensuit que la nature et la portée de ces droits et de ces obligations sont soumises à la loupe et au microscope constitutionnels. Les tribunaux en clarifieront les ambiguïtés potentielles dans leur rapport avec toute loi fédérale, provinciale ou territoriale. C'est ainsi, par exemple, que les Montagnais affirment que le droit à l'autonomie gouvernementale est l'objet de protection constitutionnelle au même titre que le « territoire » convenu.

* Jacques Kurtness est professeur au Département des sciences humaines à l'Université du Québec à Chicoutimi et directeur des négociations territoriales au Conseil tribal Mamuitun.

Cependant, outre l'approche judiciaire ou légale, la négociation peut faciliter des arrangements durables et viables, de nation à nation, dans un esprit de partenariat et de coexistence pacifique et ce, pourvu que chacune des parties, notamment la partie autochtone, en ait les possibilités (ressources humaines, matérielles et financières) et ait la souplesse indispensable (sans imposition unilatérale et sans tentative d'intimidation et de chantage). Ainsi, la négociation peut favoriser une véritable coexistence pacifique et non la subordination d'une des parties aux deux autres. Pour ce faire, nul n'est besoin d'éteindre les droits et les obligations de celle-ci, le contrat social implicite précisant les droits et les obligations des parties.

Source des droits ancestraux

Il s'agit d'un droit « suis generis », c'est-à-dire un droit inhérent dont l'origine a précédé l'arrivée des Euro-canadiens d'une part, et qui, d'autre part, découle du droit coutumier et de la tradition orale des Innus. C'est pourquoi les Amériques n'étaient ni ne sont une « terra nullius »; la découverte fut réciproque, les nations autochtones ayant également découvert les nations européennes.

Il faut savoir que le droit « suis generis » est un droit de nation plutôt qu'un droit de groupe ethnique. La différence entre les deux droits tient du caractère involontaire ou volontaire du statut d'appartenance. Celui des groupes ethniques est considéré comme un droit volontaire, même s'ils ont dû fuir des catastrophes écologiques ou la répression, puisque, quittant leur pays d'origine, ils choisissent le Canada comme terre d'accueil. La négation du droit de nation est imposée aux autochtones, par subjugation, les soumettant à un statut inférieur injuste. Il en est de même de la négation de statut de nation fondatrice.

De façon positive, la source des droits autochtones découle de leur existence pré-colombienne ou post-sibérienne, du droit domestique ou intérieur et, plus récemment, du droit international.

L'article 91(24) de la *Loi constitutionnelle de 1867* donnait au gouvernement fédéral l'autorité pour faire des lois relatives aux Indiens et aux terres réservées pour les Indiens. C'est de cette disposition que découlera la *Loi sur les Indiens* et le statut des Indiens inscrits au registre fédéral.

De nos jours, même si la réserve est le « lieu » où s'applique le traitement le plus direct de la politique fédérale, il n'y a pas de raison, en principe, pour confiner ce rôle aux résidents des réserves, car la portée de l'article 91(24) s'applique aux Indiens et aux communautés indiennes partout où ils se trouvent.

Cette « aboriginalité » se traduit dans les programmes et les services dont la fonction n'est pas limitée à la préservation de l'intégrité des individus et des communautés, mais peut s'étendre à la promotion et au développement de cette même « aboriginalité » .

En concentrant le pouvoir de décision et de financement dans les mains du gouvernement fédéral, plus précisément dans celles du ministère des Affaires indiennes et du Nord, cette aboriginalité définit non seulement le « statut » de l'Indien, mais aussi les conditions de l'exercice du pouvoir à l'intérieur des communautés amérindiennes (p. ex., l'élection des chefs et de leur conseil). Détenant le cadre d'opérationnalisation des pouvoirs du « self-government », elle contrôle l'interprétation des économies autochtones et leur responsabilité de fiduciaires dans l'économie globale.

Outre l'article 35 de la *Loi constitutionnelle de 1982* et les précisions additionnelles de 1983, il y a, bien sûr, la *Proclamation royale* du 7 octobre 1763 dont l'article 25 précise que la *Charte canadienne des droits et libertés* ne doit ni en limiter ni en abroger la portée.

Finalement, les droits ancestraux furent précisés et le seront à l'avenir par les différentes cours et notamment par la jurisprudence de la Cour suprême du Canada (p. ex., arrêts Calder, Sparrow, etc.).

Les principes de la négociation

Il existe deux grands principes généraux dans notre négociation : d'une part, la reconnaissance et la confirmation de nos droits; d'autre part, la réparation pour les multiples violations passées et présentes de nos droits et de nos obligations.

Parmi les principes liés au territoire, notons la préservation de l'identité autochtone à la Nitassinie concernant la toponymie, la protection de la Nitassinie pour les générations futures, l'accès et la circulation libres sur la Nitassinie, le développement et le contrôle des ressources de la Nitassinie.

Parmi les principes relatifs à l'autonomie gouvernementale, il y a l'égalité des peuples, les droits à l'autodétermination et à l'autonomie gouvernementale à l'intérieur du Canada, bref, la création de l'INNU TSHISHE UTSHIMAU (gouvernement innu-montagnais).

Parmi les principes reliés au développement économique, il faut mentionner la croissance viable et durable ou la capacité de supporter l'autonomie du peuple innu d'une part et, d'autre part, la conception distincte du développement selon nos valeurs et notre continuité culturelle.

Les paramètres de la négociation

Découlant des droits ancestraux et des principes de cette négociation, les principaux paramètres de la négociation sont :

1. la reconnaissance et la confirmation de nos droits selon la disposition générale du traité ou de l'entente;
2. l'estimation et les modalités de réparation des dommages et sévices passés, présents et futurs;
3. la mise sur pied d'un régime de protection environnementale qui reflète la capacité des écosystèmes à soutenir le développement durable de la Nitassinie et de l'Innu Tshishe Utshimau;
4. la précision des mécanismes et des possibilités de développement économique (programmes de formation et de perfectionnement, accès au capital, partage de juridiction et cogestion, inventaire des ressources et rendements fiscaux);
5. la sélection des territoires et l'exercice de l'autonomie gouvernementale.

En bref, ces différents paramètres correspondent à la nécessité pour l'autochtone de gagner sa vie (territoire et activités économiques), de développer ses institutions et son gouvernement de manière à refléter son identité, sa culture et ses valeurs. Il y a lieu également de prévoir des mécanismes de résolution des conflits et de surveillance de l'application d'une entente éventuelle.

Conclusion

Ainsi, un traité négocié et agréé par les parties reconnaîtrait et confirmerait constitutionnellement les droits ancestraux des Montagnais (dont le droit au territoire et à l'autonomie gouvernementale). L'Innu Tshishe Utshimau constituerait un ordre de gouvernement autonome dans sa sphère de compétences et de juridiction, selon son assise territoriale.

En rapprochant le droit coutumier des Innus des principes juridiques canadiens et québécois, le traité ou entente globale nous permettrait de contrôler le futur sans renier notre passé, de combiner tradition et modernité dans une identité bien intégrée et non fractionnée.

Essentiellement, il s'agit du passage d'un contrôle externe de notre développement à un contrôle interne et responsable de notre avenir. Il s'agit du passage d'apatride de l'intérieur à celui de citoyen-plus, de la subjugation et de l'exclusion à l'égalité réelle, dans le respect et la coexistence entre peuples.

La Décennie internationale des populations autochtones :

une analyse de ses objectifs, de ses moyens et de ses enjeux [1]

Alain Bissonnette *

Le projet de la Décennie internationale des populations autochtones a été adopté par l'Assemblée générale des Nations unies le 21 décembre 1993 par sa résolution 48/163. Avec ce projet, l'Assemblée générale répondait aux recommandations formulées lors de la Conférence mondiale sur les droits de l'homme tenue à Vienne du 14 au 25 juin 1993[2].

La Décennie, qui a débuté le 10 décembre 1994 et se poursuivra jusqu'à la fin de décembre 2004, vise à renforcer la coopération internationale afin de résoudre les problèmes qui se posent aux communautés autochtones dans les domaines des droits de l'homme, de l'environnement, du développement, de l'éducation et de la santé. Elle a pour thème « Populations autochtones, partenaires dans l'action ». Parmi les objectifs importants de la Décennie, on compte l'adoption par l'Assemblée générale d'une déclaration sur les droits des peuples autochtones (partie I) et la prise en considération de la création possible aux Nations unies d'un forum permanent pour les peuples autochtones (partie II)[3]. La question des moyens qui sont accordés à la réalisation de cette

---

* Alain Bissonnette est avocat et anthropologue et il est directeur à la Direction des politiques et de la recherche au Centre international des droits de la personne et du développement démocratique.

1 Plutôt que de répéter la conférence qu'il a prononcée lors du colloque, en mai 1995, l'auteur a choisi d'écrire un nouveau texte utilisant les informations disponibles au 15 avril 1996.

2 Conférence mondiale sur les droits de l'homme, Vienne, 14-25 juin 1993, *Déclaration et programme d'action de Vienne*, Doc. N.U., A/CONF.157/23, p. 19, par. 32.

3 Lire à cet égard : Assemblée générale des Nations unies, *Résolution 48/163* intitulée *Décennie internationale des populations autochtones*, 21 décembre 1993; *Ibid.*, *Résolution 49/214*

décennie ne peut être dissociée des enjeux qui la caractérisent (partie III).

Le Projet de déclaration des Nations unies sur les droits des peuples autochtones

Quant à l'adoption d'une déclaration sur les droits des peuples autochtones, la Commission des droits de l'homme a créé un groupe de travail chargé d'élaborer un projet à cet égard, conformément à l'encouragement à agir ainsi formulé par l'Assemblée générale dans sa résolution 49/214. Ce groupe de travail a été mandaté à la lumière du projet élaboré par un autre groupe de travail, celui-là créé par la Sous-commission de la lutte contre les mesures discriminatoires et de la protection des minorités[4]. En termes d'échéancier, le groupe de travail créé par le Commission doit soumettre son projet à l'Assemblée générale pour examen et adoption dans le courant de la Décennie[5].

Les organes, organismes, programmes et institutions spécialisées des Nations unies et les organisations non gouvernementales dotées du statut consultatif auprès du Conseil économique et social ont été invités à participer aux travaux du groupe de travail. En outre, la Commission a décidé que d'autres organisations compétentes de populations autochtones pourraient participer à ces travaux en respectant des procédures établies à cet effet. Selon ces procédures, les organisations de populations autochtones non dotées du statut consultatif et qui souhaitent participer aux travaux du groupe de travail peuvent en faire la demande auprès du Coordonnateur de la Décennie, en fournissant des renseignements concernant les buts, les activités et la composition de l'organisation. À la réception des demandes, le Coordonnateur devra consulter tout État intéressé et transmettre ensuite toutes les demandes et les informations obtenues à un comité du Conseil économique et social qui, lui, prendra la décision de permettre ou non la participation des organisations autochtones en question. Une fois obtenue, l'autorisation sera valable pour

intitulée *Décennie internationale des populations autochtones*, 23 décembre 1994; et *Ibid.*, *Résolution 50/157* intitulée *Programme d'activités pour la Décennie internationale des populations autochtones*, 21 décembre 1995. Cette résolution est reproduite dans *Peuples ou populations; égalité, autonomie et autodétermination : les enjeux de la Décennie internationale des populations autochtones*, Montréal, Centre international des droits de la personne et du développement démocratique (C.I.D.P.D.D.), 1996, annexe D, p. 166-179.

4 Le projet en question est contenu dans l'annexe à la résolution 1994/45 de la Sous-commission, en date du 26 août 1994. Il est intitulé « Projet de déclaration des Nations unies sur les droits des peuples autochtones » et il est reproduit ici à l'annexe 1.

5 Commission des droits de l'homme, *Résolution 1995/32 du 3 mars 1995 intitulée Création d'un groupe de travail de la Commission des droits de l'homme chargé d'élaborer un projet de déclaration conformément au paragraphe 5 de la résolution 49/214 de l'Assemblée générale, en date du 23 décembre 1994.* Cette résolution est reproduite dans *Peuples ou populations; égalité, autonomie et autodétermination : les enjeux de la Décennie internationale des populations autochtones, op. cit., supra* note 3, annexe C, p. 160-165.

toute la durée d'exercice du groupe de travail et elle permettra aux organisations autochtones de s'exprimer devant le groupe de travail et de lui présenter des exposés écrits, qui ne seront cependant pas publiés comme documents officiels. La Commission des droits de l'homme a invité les États concernés à porter l'invitation à participer aux travaux du groupe de travail aux organisations autochtones qui pourraient être intéressées[6].

La première session du groupe de travail a eu lieu en novembre 1995 à Genève. Lors de la dernière session de la Commission des droits de l'homme, qui s'est tenue du 18 mars au 26 avril 1996, le groupe de travail a soumis un rapport sur l'avancement de ses travaux[7]. Dès le début de ce rapport, on a précisé qu'il constitue un procès-verbal des débats qui ont eu lieu, et qu'on ne peut en inférer l'acceptation de l'utilisation de l'une ou l'autre des expressions « peuples autochtones » ou « populations autochtones ». Trois cent vingt-six personnes ont participé aux travaux de ce groupe de travail. Soixante et un États et soixante-quatre organisations autochtones et organisations non gouvernementales y étaient représentés.

Dès le départ, il a été admis que le projet de déclaration des Nations unies sur les droits des peuples autochtones tel qu'adopté par la Sous-commission constituait une bonne base pour amorcer les discussions. Des divergences ont toutefois été exprimées quant au contenu du projet. Pour certains États, le projet contenait des aspirations sociales ou politiques et non des droits. Pour d'autres, et en cela ils étaient appuyés par plusieurs représentants autochtones, le projet contient plutôt des normes minimales. Plusieurs représentants gouvernementaux ont souligné qu'une déclaration ne comporte pas de force juridique contraignante. D'autres ont indiqué qu'une déclaration des Nations unies n'est peut-être pas juridiquement contraignante, mais qu'elle lie politiquement les États et qu'au moins une grande obligation morale existe quant au respect de ses dispositions. À plusieurs occasions, il a été fait référence à la résolution 41/120 de l'Assemblée générale[8] et il a été affirmé que le projet de déclaration devait concorder avec l'ensemble du droit international existant en matière de droits de la personne, qu'il devait être suffisamment précis pour que les droits et obligations en découlant puissent être définis et mis en pratique et, enfin, qu'il devait susciter un vaste soutien international. À cet égard, plusieurs organisations autochtones ont déclaré que

6 En ce qui concerne ces procédures, lire l'annexe à la Résolution 1995/32 de la Commission des droits de l'homme, annexe qui est intitulée *Participation des organisations de populations autochtones aux travaux du groupe de travail intersessions à composition non limitée.*

7 Dans les paragraphes qui suivent, nous reprenons essentiellement le contenu de ce rapport, dont voici la référence : *Report of the Working Group Established in Accordance with Commission on Human Rights Resolution 1995/32 of 3 March 1995,* Doc. Nations unies E/CN.4/1996/84, 4 janvier 1996, 21 p.

8 Assemblée générale des Nations unies, *Résolution 41/120* intitulée *Établissement de normes internationales dans le domaine des droits de l'homme,* 4 décembre 1986. La résolution est reproduite ici à l'annexe 2.

le projet ne devait pas simplement répéter les droits compris dans les autres instruments internationaux, mais qu'il devait plutôt refléter les concepts juridiques en évolution. En outre, les organisations autochtones présentes au groupe de travail ont adopté comme position que le projet adopté par la Sous-commission devait être adopté tel quel par le groupe de travail.

Le droit à l'autodétermination des peuples autochtones se trouve au cœur de tout le débat concernant le projet de déclaration. Pour l'instant, dans le titre même du projet, on fait référence aux peuples autochtones et non pas aux populations autochtones. Pour les organisations autochtones, il faut maintenir cette désignation, car c'est ainsi qu'eux-mêmes se définissent et, selon eux, toute tentative de les définir autrement constituerait de la discrimination ainsi qu'une façon de leur nier leur droit inhérent à l'autodétermination. Quelques représentants gouvernementaux ont affirmé que l'utilisation du terme « peuples » était justifiée puisqu'elle reflète la dimension collective associée aux droits, à l'identité, aux besoins et aux problèmes des peuples autochtones. En revanche, plusieurs autres représentants gouvernementaux ont clairement affirmé leur opposition à l'utilisation du mot « peuples » précisément parce qu'une telle utilisation signifierait qu'on consi-dère les peuples autochtones comme des sujets du droit international et qu'à ce titre, ils pourraient avoir recours au droit à l'autodétermination et à la souveraineté sur les ressources naturelles. Certains ont également affirmé qu'il y aurait là une menace pour les droits individuels au profit des droits collectifs, ce à quoi ils s'opposent[9].

Lors de la première session du groupe de travail en novembre dernier, les participants ont exprimé leur analyse préliminaire de chacune des parties du projet de déclaration. Pour l'instant, aucune discussion réelle n'a encore débuté quant au libellé de ces dispositions, les déclarations des différents participants se situant plutôt au niveau des principes.

La première partie du projet contient cinq articles. Le premier article stipule que les peuples autochtones ont le droit de jouir pleinement et effectivement des droits de la personne et des libertés fondamentales. Le second fait référence au droit à l'égalité en lui donnant une dimension individuelle et une dimension collective et en rappelant l'interdiction de toute forme de discrimination défavorable. Quant au troisième, qui est sans aucun doute le plus litigieux, il affirme le droit à l'autodétermination des peuples autochtones. Le quatrième reconnaît, quant à lui, aux peuples autochtones le droit de maintenir et de renforcer leurs spécificités et leurs institutions, tout en conservant le droit de participer pleinement à la vie du pays où ils vivent. Enfin, le cinquième article stipule que tout autochtone a droit à une nationalité.

De l'avis de tous les participants à cette première session du groupe de travail, cette première partie contient les principes généraux de l'ensemble du projet. À cet égard, le fait qu'aucune définition des peuples autochtones

---

9 *Report of the Working Group, op. cit., supra* note 7, p. 8-10.

n'apparaisse dans cette partie a été jugé par plusieurs représentants gouvernementaux comme rendant très difficile tout commentaire quant au contenu du projet.

Au sujet du droit à l'autodétermination, comme nous l'indiquions précédemment, les débats ont été intenses. La question centrale est simple : quelle est la portée du droit à l'autodétermination inscrit, pour l'instant, dans le projet ? Pour les peuples autochtones, aucune distinction ne saurait être faite entre eux et les autres peuples, et leur droit à l'autodétermination comporte les mêmes caractéristiques. Pour plusieurs représentants de gouvernement, l'article 3 va au-delà du droit international, du droit interne et de la pratique des États, alors que le droit à l'autodétermination doit être situé dans le contexte historique de la décolonisation. À cet égard, plusieurs organisations autochtones ont répliqué qu'on ne devait pas arrêter l'évolution du droit et, avec quelques représentants gouvernementaux, ils ont affirmé que le droit à l'autodétermination est applicable dans des situations non-coloniales ou internes à un État. Quelques représentants gouvernementaux ont affirmé que le droit à l'autodétermination interne comprend le droit des peuples de décider comment ils doivent être gouvernés et celui de participer dans le processus politique ainsi que le droit pour les peuples distincts vivant au sein d'un État de prendre les décisions concernant leurs propres affaires. Par ailleurs, plusieurs représentants gouvernementaux ont affirmé que les peuples autochtones ne constituent pas des « peuples » dans le sens du droit international et qu'en conséquence ils ne jouissent pas du droit à l'autodétermination. Ceci dit, plusieurs de ces représentants gouvernementaux ont indiqué qu'il fallait surtout clarifier le contenu et la portée d'un droit à l'autodétermination des peuples autochtones qui serait mis en équilibre avec l'unité politique et l'intégrité territoriale des États.

Tous les représentants autochtones se sont, quant à eux, opposés à quelque limitation ou qualification du droit contenu à l'actuel article 3 du projet, affirmant qu'agir ainsi serait discriminatoire et qu'en outre, le droit à l'autodétermination est un droit inhérent. Certains d'entre eux ont indiqué qu'un équilibre entre ce droit et l'unité politique ainsi que l'intégrité territoriale des États pourrait résulter de la reconnaissance et du respect de leur droit à l'autodétermination. Selon ce point de vue, ce droit comprend un aspect procédural pouvant être exercé par des négociations entre les peuples autochtones et l'État, dont les résultats pourraient prendre diverses formes au sein de ce même État. À cet égard, plusieurs représentants gouvernementaux ont suggéré d'employer plutôt la terminologie du droit à l'autonomie.

Quant au débat concernant la difficulté d'associer droits collectifs et droits individuels, plusieurs représentants gouvernementaux ont indiqué que les droits collectifs doivent être considérés comme un aspect des droits individuels et que l'exercice des premiers ne doit pas entraîner la violation des seconds. À cet argument, les représentants autochtones ont répondu que le droit à l'autodétermination est une condition préalable à la jouissance de tous les droits de la personne et qu'ainsi il n'y a pas de contradiction entre ces deux catégories de droit qui ne sont pas mutuellement exclusifs.

Enfin, quelques commentaires ont été exprimés à nouveau quant à la compatibilité du projet avec la résolution 41/120 de l'Assemblée générale et qu'il y aurait lieu, selon certains représentants gouvernementaux, de réécrire certains articles afin de s'assurer qu'ils respectent les normes internationales existantes en matière de droits de la personne. La notion de nationalité dont parle l'article 5 a été remise en question par certains. D'autres représentants gouvernementaux ont recommandé qu'une clause d'égalité entre les hommes et les femmes soit intégrée dans cette première partie[10].

La deuxième partie du projet de déclaration comprend six articles. L'article 6 stipule que les peuples autochtones ont le droit, à titre collectif, de vivre librement en tant que peuples distincts tout en étant protégés contre toute forme de génocide ou autres actes de violence et qu'ils ont, à titre individuel, droit à la vie, à l'intégrité physique et mentale, à la liberté et à la sûreté de la personne. L'article 7 traite du droit, individuel et collectif, des peuples autochtones d'être protégés contre l'ethnocide ou le génocide culturel. L'article 8 affirme leur droit, individuel et collectif, de conserver et de développer leurs spécificités et leurs identités distinctes. L'article 9 stipule leur droit d'appartenir à une communauté ou à une nation autochtone conformément à leurs traditions et coutumes. L'article 10 accorde aux peuples autochtones une protection spéciale en période de conflit armé.

De façon générale, les objectifs visés par cette deuxième partie ont été acceptés par l'ensemble des participants. Ceci dit, certaines interrogations ont été soulevées surtout par des représentants gouvernementaux. Par exemple, la discussion relative aux rapports entre les droits individuels et les droits collectifs a été reprise. À cet égard, certains affirment que les droits collectifs ne sont pas reconnus en droit international, alors que d'autres affirment le contraire. Les représentants autochtones ont ajouté que nier aux peuples autochtones la reconnaissance de droits collectifs constituerait une dénégation de leur identité et de leur existence.

Au sujet de l'article 6, plusieurs délégations de pays ont indiqué qu'il peut exister des circonstances où il serait dans l'intérêt d'un enfant de le sortir de son milieu familial, alors que le texte actuel stipule que l'enlèvement d'enfants autochtones à leurs familles et communautés, sous quelque prétexte que ce soit, est interdit.

Au sujet de la répétition de l'expression « à titre collectif et individuel » dans plusieurs des articles de cette partie, quelques représentants gouvernementaux ont indiqué qu'elle était redondante. Par ailleurs, un certain

10 *Ibid.*, p. 10-13.

nombre de représentants gouvernementaux ont demandé que l'on identifie mieux l'expression « peuples distincts » par rapport à l'unité nationale d'un pays et de la souveraineté des États, tout en ajoutant qu'à leur avis, le droit international n'accorde aucun droit collectif d'exister en paix et sécurité en tant que peuple distinct à quelque groupe que ce soit.

L'utilisation des termes « ethnocide » et « génocide culturel » a soulevé quelques interrogations de la part de plusieurs représentants gouvernementaux. À leur avis, ces termes ne constituent pas des concepts suffisamment clairs pour être applicables concrètement. Pour leur part, les représentants autochtones ont souligné l'importance historique de ces expressions qui doivent être associées au processus de colonisation. Un représentant d'une organisation non gouvernementale a exprimé l'opinion que la *Convention pour la prévention et la répression du crime de génocide*[11] ne crée pas de droits en tant que tels, mais aborde plutôt la question par des prohibitions, par le concept de responsabilité individuelle et par une protection accordée à des groupes.

L'interdiction de toute forme de transfert de population contenue au paragraphe c) de l'article 7, l'interdiction de contraindre des peuples autochtones à quitter leurs terres et territoires contenue à l'article 10 ainsi que celle contenue au paragraphe c) de l'article 11 et qui a trait à la notion de sécurité en période de conflit armé, ont été critiquées par certains représentants gouvernementaux. Leur principal argument était qu'il existe des circonstances qui justifient de tels déplacements. Les représentants autochtones ont indiqué que l'interdiction visait les déplacements forcés et non pas ceux qui sont faits avec le consentement des peuples autochtones.

Des inquiétudes ont également été exprimées par des représentants gouvernementaux relativement à la protection des peuples autochtones empêchant tout acte ayant pour but ou pour effet de les déposséder de leurs terres, de leurs territoires ou de leurs ressources, protection qui est stipulée au paragraphe b) de l'article 7 et qui est également réaffirmée, en d'autres termes, à l'article 10. Pour ces représentants, ces textes sont peu clairs et sèment la confusion notamment par rapport à la souveraineté des États à l'égard de leur territoire.

L'intention précise de l'article 8 a également été mise en question par plusieurs représentants gouvernementaux, alors que certains d'entre eux se sont inquiétés à nouveau des rapports entre les droits individuels et les droits collectifs. Pour quelques représentants gouvernementaux et pour les organisations autochtones, les droits compris à l'article 8 sont indissociables du

11 *Convention pour la prévention et la répression du crime de génocide*, A/RES/260 A(III), 9 décembre 1948, reproduite dans *Les Nations unies et les droits de l'homme*, 1945-1995, New York, Nations unies, Département de l'information, Série Livres bleus des Nations unies, vol. VII, p. 159-160.

droit à l'autodétermination des peuples autochtones et doivent être inclus dans la déclaration.

L'utilisation à l'article 9 du mot « nation » a été critiquée par plusieurs représentants gouvernementaux, alors que d'autres ont expliqué qu'il fallait l'entendre au sens de « communautés ». Les représentants autochtones ont indiqué que le terme « nation » décrit bien leur statut politique et légal. La question des rapports entre droits individuels et droits collectifs a encore une fois été soulevée.

Enfin, en ce qui concerne l'article 11, plusieurs représentants gouvernementaux ont exprimé l'opinion que le droit humanitaire s'applique à toutes les personnes et que les peuples autochtones ne peuvent jouir à cet égard de normes de protection particulières. À cette opinion, les représentants autochtones ont répondu en faisant référence à l'histoire qui, selon eux, a clairement démontré que les peuples autochtones ont bel et bien besoin d'une protection spéciale en période de conflit armé[12].

La troisième partie du projet comprend trois articles. L'article 12 stipule le droit des peuples autochtones d'observer et de revivifier leurs traditions culturelles et leurs coutumes. L'article 13 concerne leurs traditions religieuses et spirituelles. Et l'article 14, quant à lui, fait référence à leur droit de transmettre aux générations subséquentes leur histoire, leurs traditions et leurs connaissances.

Cette troisième partie a semblé susciter un large consensus, bien que quelques représentants gouvernementaux aient demandé que les dispositions soient rédigées d'une façon moins globale et qu'elles soient ainsi clarifiées. Cela dit, plusieurs représentants des gouvernements ont soulevé des questions relativement aux droits de tierces parties pouvant être affectées par les droits des peuples autochtones notamment en ce qui concerne les sites religieux et culturels. Quelques représentants gouvernementaux et plusieurs représentants autochtones ont demandé que les articles 24 et 29 de l'actuel projet soient plutôt insérés dans cette troisième partie, puisque ces articles concernent la propriété culturelle et intellectuelle des peuples autochtones. Enfin, plusieurs représentants gouvernementaux ont indiqué que ces dispositions devraient être compatibles avec le principe de non-discrimination et que leur exercice pourrait être limité par des règles de droit visant la protection de l'ordre public, de la sécurité publique et de la dignité humaine[13].

La quatrième partie du projet comprend quatre articles. L'article 15 concerne le droit à l'enseignement. L'article 16 contient une clause de protection à l'encontre des préjugés et de la discrimination que subissent trop souvent les peuples autochtones. L'article 17 a trait aux organes d'information,

---

12 *Report of the Working Group, op. cit., supra* note 7, p. 13-15.

13 *Ibid.*, p. 15-16.

alors que l'article 18 porte sur le droit du travail.

Encore une fois, les objectifs visés par cette partie semblent susciter un large consensus, mais plusieurs représentants gouvernementaux estiment que le libellé actuel est trop vague et qu'il y a lieu de le rendre plus précis. De plus, de l'avis de certains représentants gouvernementaux, les considérations financières découlant de la mise en œuvre de ces dispositions doivent être gardées à l'esprit. En ce qui concerne l'article 15, quelques gouvernements ont exprimé des réserves dans la mesure où il peut entraîner quelques incompatibilités avec les exigences de l'éducation nationale. Enfin, quant à l'article 18, plusieurs représentants gouvernementaux ont indiqué que son premier paragraphe ne doit pas constituer un obstacle à l'adoption de mesures d'accès à l'égalité. Il a aussi été déclaré que la référence au droit international du travail devrait être interprétée comme se rapportant aux instruments dont l'État est partie[14].

La cinquième partie du projet de déclaration comprend six articles. L'article 19 reconnaît aux peuples autochtones le droit de participer aux décisions qui peuvent avoir des incidences sur leurs droits, leur mode de vie et leur avenir, tout en affirmant leur droit de conserver et de développer leurs propres institutions décisionnelles. L'article 20 réaffirme ce même droit de participation, mais cette fois en ce qui concerne l'élaboration de mesures législatives ou administratives et en précisant que ce droit sera exercé suivant des procédures qu'ils auront déterminées. En outre, l'article précise que les États devront obtenir le consentement des peuples intéressés, avant d'adopter les mesures en question. L'article 21, quant à lui, stipule le droit des peuples autochtones de conserver et de développer leurs systèmes politiques, économiques et sociaux, de jouir en toute sécurité de leurs propres moyens de subsistance et de développement et de se livrer librement à toutes leurs activités économiques, traditionnelles et autres. Il reconnaît également un droit à une indemnisation juste et équitable pour ceux qui sont privés de leurs moyens de subsistance. L'article 22 concerne le droit à des mesures spéciales afin d'améliorer leur situation économique et sociale. L'article 23, pour sa part, s'applique au droit de définir et d'élaborer des priorités et des stratégies en matière de droit au développement. Et, finalement, l'article 24 traite de la protection de leurs pharmacopées et de leurs pratiques médicales traditionnelles ainsi que du droit d'accès, sans discrimination aucune, aux établissements médicaux, aux services de santé et aux soins médicaux.

Les représentants des organisations autochtones ont souligné que les dispositions de cette partie sont essentielles si l'on veut faciliter la participation des peuples autochtones au sein des pays d'une façon qui soit vraiment égalitaire. La plupart des représentants gouvernementaux en ont reconnu l'importance, mais ont demandé que les dispositions soient ou clarifiées ou reformulées. L'une de leurs préoccupations concerne les droits des

14 *Ibid.*, p. 16.

autres citoyens par rapport à ceux des peuples autochtones. Quelques-uns d'entre eux ont indiqué que leur gouvernement n'accepterait pas la création de systèmes séparés pour les peuples autochtones, puisque cela contreviendrait au principe de l'égalité entre les citoyens. D'autres ont déclaré que les droits compris dans cette partie devraient être mis en œuvre dans le cadre des institutions démocratiques existantes et qu'ils ne pourraient pas porter atteinte aux dispositions constitutionnelles qui régissent l'élection des représentants politiques ainsi que l'adoption des lois. De façon plus spécifique, plusieurs représentants gouvernementaux se sont opposés à plusieurs des concepts compris dans cette partie : par exemple, la référence au choix qui serait celui des peuples autochtones de participer ou non aux décisions et aux mesures législatives les concernant; la référence au consentement libre et éclairé de ces peuples avant que l'État ne puisse adopter et appliquer des mesures législatives ou administratives; le fait qu'à l'article 23 on parle d'un droit collectif au développement. Les représentants autochtones, pour leur part, ont déclaré que les dispositions de cette cinquième partie sont non seulement nécessaires pour qu'ils puissent participer effectivement aux processus politiques des États mais également qu'ils constituent une dimension de leur droit à l'autodétermination[15].

La sixième partie du projet comprend six articles. L'article 25 reconnaît le droit des peuples autochtones de conserver et de renforcer leurs liens particuliers envers leurs territoires et leurs resssources et celui d'assumer leurs responsabilités en la matière, et ce pour les générations futures. L'article 26 stipule leur droit de posséder, de mettre en valeur, de gérer et d'utiliser leurs territoires et leurs ressources, et ce en utilisant leurs lois, leurs traditions et leurs institutions et en jouissant d'une protection de la part des États contre toute ingérence ou toute aliénation ou limitation de ces droits. L'article 27 constitue un régime de restitution des terres, des territoires et des ressources qu'ils ont perdus sans leur consentement. Faute de pouvoir exercer ce droit, l'article indique qu'ils ont droit à une indemnisation juste et équitable. L'article 28 concerne la protection de leur environnement ainsi que les mesures à prendre lorsque des peuples autochtones sont affectés par des matières dangereuses. L'article 29 porte sur la propriété de leurs biens culturels et intellectuels ainsi que sur les mesures spéciales leur permettant de contrôler, de développer et de protéger leurs sciences, leurs techniques et les diverses manifestations de leur culture. Enfin, l'article 30 traite du droit des peuples autochtones de définir des priorités et d'élaborer des stratégies pour la mise en valeur et l'utilisation de leurs terres, de leurs territoires et de leurs autres ressources.

Cette partie a suscité plus de difficultés chez les représentants gouvernementaux. Non seulement ont-ils demandé que les dispositions soient

15 *Ibid.*, p. 16-17.

clarifiées et ajustées, mais ils ont aussi clairement indiqué que la maîtrise ultime du territoire doit demeurer dans les mains du gouvernement du pays concerné et que les droits territoriaux ou fonciers doivent être analysés à l'intérieur du cadre législatif de l'État. L'utilisation du mot « territoires » a été critiquée par plusieurs et déclarée inacceptable alors qu'elle risque de créer de la confusion et qu'elle pourrait avoir des répercussions sur la souveraineté de l'État sur son territoire. À ces arguments, les représentants autochtones ont opposé la nécessité de ces dispositions à cause de leurs liens avec leur droit à l'autodétermination, leur spiritualité propre et leurs responsabilités envers les générations futures. Selon eux, sans une reconnaissance explicite de leurs droits à l'égard de leurs terres, de leurs territoires et de leurs ressources, ils demeureront vulnérables face aux puissances économiques et politiques et leur bien-être en souffrira. Plusieurs parmi eux ont souligné leurs inquiétudes face à la mondialisation du commerce et aux effets qu'elle pourrait entraîner sur leurs ressources et leurs terres[16].

La septième partie du projet de déclaration comprend six articles. L'article 31 stipule que les peuples autochtones ont, dans l'exercice spécifique de leur droit à disposer d'eux-mêmes, le droit d'être autonomes et de s'administrer eux-mêmes en ce qui concerne les questions relevant de leurs affaires intérieures et locales. L'article 32 leur reconnaît le droit de choisir leur propre citoyenneté conformément à leurs traditions, tout en conservant leur citoyenneté de l'État dans lequel ils résident. En outre, cet article indique qu'ils ont le droit de déterminer les structures de leurs institutions et d'en choisir les membres selon leurs propres procédures. L'article 33, qui nous semble un élément clé de tout le projet, porte sur leur droit de promouvoir, développer et conserver leurs structures institutionnelles ainsi que leurs coutumes, traditions, procédures et pratiques juridiques, le tout devant être réalisé en conformité avec les normes internationalement reconnues en matière de droits de la personne. L'article 34 accorde aux peuples autochtones le droit de déterminer les responsabilités des individus envers leurs communautés. L'article 35 concerne les liens de coopération entre les peuples autochtones. Et, enfin, l'article 36 indique qu'ils ont le droit d'exiger le respect et la mise en œuvre des traités qu'ils ont conclus avec les États. Si des différends persistent à cet égard, selon cet article du projet de déclaration, ils doivent être soumis à des instances internationales compétentes choisies d'un commun accord par toutes les parties concernées.

Un grand nombre de représentants gouvernementaux ont exprimé des réserves face à cette partie du projet. Le débat au sujet du droit à l'autodétermination a été repris essentiellement avec les mêmes arguments de part et d'autre. Toutefois, plusieurs représentants gouvernementaux se sont déclarés favorables au droit à l'autonomie des peuples autochtones dans leurs

16 *Ibid.*, p. 17-18.

affaires internes et locales. Quelques représentants gouvernementaux ont appuyé l'article 31 tel que libellé. Un représentant gouvernemental a, quant à lui, déclaré que le droit à l'autodétermination des peuples autochtones doit être analysé dans le contexte des principes fondamentaux du droit international et qu'il est possible de créer différentes formules de partage du pouvoir sans pour autant mettre en péril l'unité territoriale des États.

Sans doute à cause des difficultés liées au débat sur le droit à l'autodétermination et afin d'en réduire l'intensité ou le risque d'impasse, des représentants d'organisations non gouvernementales ont déclaré qu'aucune déclaration des Nations unies ne peut directement créer des obligations juridiques contraignantes et qu'en pratique, aucun État ne sera obligé d'amender ses lois internes lorsque la déclaration sera adoptée. Un représentant d'État a cependant nuancé l'affirmation en indiquant qu'une déclaration des Nations unies n'est sans doute pas juridiquement contraignante, mais qu'elle est toutefois contraignante sur le plan politique et que tous les droits reconnus dans une telle déclaration devraient également être reconnus par les législations internes. Les représentants autochtones, pour leur part, ont affirmé que les obligations morales et politiques de mise en œuvre d'une déclaration des Nations unies exigent que ses buts et ses objectifs soient réalisés.

Par ailleurs, il a été affirmé que les références faites à l'autonomie et aux droits d'accès des non- membres aux territoires des peuples autochtones concernaient surtout la situation de ceux qui vivent au sein de réserves. On a demandé de raffiner ces concepts à l'avenir. Quelques représentants gouvernementaux ont indiqué leur opposition à quelque mécanisme de taxation permettant aux peuples autochtones de financer leurs institutions en dehors du cadre national. La notion de citoyenneté autochtone a également soulevé plusieurs réserves de la part des représentants gouvernementaux.

En ce qui concerne l'article 33, il a été souligné que les traditions et les coutumes juridiques dont il est question devraient être compatibles avec le droit international en matière de droits de la personne et que, dans tous les cas, l'article en question ne doit pas être interprété comme permettant aux peuples autochtones de se situer à l'extérieur du système juridique national. Quant à l'article 35, plusieurs représentants, autant gouvernementaux qu'autochtones, ont souligné l'importance de la coopération entre peuples autochtones, bien que certains aient indiqué qu'en même temps les contrôles aux douanes ou en matière d'immigration devront continuer d'être exercés. Enfin, l'article 36 suscite l'opposition de quelques représentants gouvernementaux qui ont indiqué que les conflits concernant les traités conclus avec les peuples autochtones doivent être résolus par des recours internes. Les représentants autochtones ont affirmé, quant à eux, que les traités conclus par les États et les peuples autochtones constituent des ententes internationales et qu'en conséquence les conflits qui en découlent devraient être résolus par des instances internationales.

La huitième partie du projet comprend cinq articles. L'article 37 oblige les États à prendre, en consultation avec les peuples autochtones concernés, les mesures nécessaires pour donner plein effet aux dispositions qui seront comprises dans la déclaration. Il stipule en outre que les droits qui y sont énoncés doivent être incorporés dans les législations des États, de manière à ce que les peuples autochtones puissent concrètement s'en prévaloir. L'article 38 accorde aux peuples autochtones le droit de recevoir une aide financière et technique de la part des États et au titre de la coopération internationale afin de leur permettre de poursuivre librement leur développement et de jouir des droits et libertés reconnus par la déclaration. L'article 39 stipule que les peuples autochtones ont le droit de recourir à des procédures mutuellement acceptables et équitables pour le règlement des différends et que les décisions à cet effet devront être rendues rapidement. Toute décision les concernant, que ce soit sur le plan individuel ou sur le plan collectif, devra tenir compte de leurs coutumes, de leurs traditions et de leurs systèmes juridiques. L'article 40 oblige les Nations unies et les organisations intergouvernementales à contribuer à la mise en œuvre des dispositions de la déclaration par la mobilisation, entre autres, de la coopération financière et de l'assistance technique. En outre, il oblige à mettre en place des moyens afin d'assurer la participation des peuples autochtones aux questions qui les concernent. Enfin, l'article 41 indique que l'ONU prendra les mesures nécessaires pour assurer l'application de la déclaration, notamment en créant un organe investi de compétences particulières dans ce domaine, et ce, avec la participation directe de peuples autochtones.

Cette partie a également soulevé plusieurs oppositions de la part des représentants gouvernementaux. Ainsi, en ce qui concerne le caractère contraignant de la déclaration, plusieurs représentants gouvernementaux ont rejeté le libellé de l'actuel article 37 et indiqué qu'une déclaration ne peut créer d'obligations ou des exigences pour les États. Face à cette interprétation, quelques représentants autochtones ont indiqué qu'il sera toutefois nécessaire d'inclure dans la déclaration des dispositions relatives à la mise en œuvre de la déclaration afin de servir de guide aux politiques gouvernementales. D'autres représentants autochtones ont insisté sur l'adoption intégrale des dispositions de cette partie du projet.

Concernant l'article 38, quelques représentants gouvernementaux ont indiqué que le droit international ne crée aucune obligation juridique en matière d'assistance financière au développement des cultures autochtones. Certains ont demandé que l'on clarifie la notion de procédures mutuellement acceptables inscrite à l'article 39. Les représentants autochtones ont souligné le besoin de créer des processus de résolution de conflits au niveau international, compte tenu des difficultés rencontrées au niveau interne. Selon eux, ces mécanismes pourraient favoriser la coopération et la bonne foi entre les États et les peuples autochtones. Enfin, quant aux articles 40 et 41, plusieurs représentants gouvernementaux ont demandé que le rôle des Nations unies dans la mise en œuvre de la déclaration soit mieux défini. Quant à la création au plus haut niveau d'un organe investi de compétences particulière en matière de droits des peuples autochtones, quelques représentants gouvernementaux et plusieurs représentants autochtones ont immédiatement donné l'exemple du projet de création d'un forum permanent pour les peuples autochtones. L'idée de la création d'un forum permanent semble bien accueillie par la plupart des représentants gouvernementaux, mais certains d'entre eux demandent que les discussions se poursuivent à cet égard et remettent en question le fait qu'on discute de cette question dans la déclaration. Cela dit, plusieurs autres représentants gouvernementaux s'opposent à ce que l'on confie à un organe des Nations unies des compétences en matière de mise en œuvre d'une déclaration alors que, selon eux, il s'agit d'un instrument non contraignant.

La neuvième partie du projet de déclaration sur les droits des peuples autochtones comprend quatre articles. L'article 42 indique que les droits reconnus dans la déclaration constituent les normes minimales nécessaires à la survie, à la dignité et au bien-être des peuples autochtones du monde. L'article 43 constitue une clause d'égalité spécifiant que tous les droits et libertés reconnus dans la déclaration sont garantis de la même façon à tous les autochtones, hommes et femmes. L'article 44 spécifie qu'aucune des dispositions de la déclaration ne peut être interprétée comme entraînant la diminution ou l'extinction de droits que les peuples autochtones peuvent déjà avoir ou sont susceptibles d'acquérir. Enfin, l'article 45 reprend une clause apparaissant dans les instruments internationaux en matière de droits de la personne, clause qui spécifie qu'aucune disposition de la déclaration ne peut être interprétée comme conférant à un État, à un groupe ou à un individu le droit de se livrer à une activité ou à un acte contraire à la Charte des Nations unies.

Quelques représentants gouvernementaux ont indiqué qu'il était trop tôt pour étudier l'article 42, tant et aussi longtemps que le contenu même de la déclaration n'est pas encore fixé. Plusieurs représentants autochtones ont indiqué qu'il est important de reconnaître que les normes intégrées à la déclaration sont des normes minimales de sorte qu'elles deviennent les fondements à partir desquels les droits humains des peuples autochtones pourront être développés. Par ailleurs, plusieurs représentants gouvernementaux ont émis l'opinion que la clause d'égalité contenue à l'article 43 devrait se retrouver dans la première partie du projet. Les articles 44 et 45 semblent susciter un large consensus.

La description des débats qui ont eu cours lors de la première session du groupe de travail chargé d'élaborer une déclaration des Nations unies sur les droits des peuples autochtones peut, à première vue, sembler assez fastidieuse. Si nous avons ici répété essentiellement ce que chacun peut lire dans le rapport de cette session, c'est, d'une part, parce que peu de personnes et d'organisations y ont accès et, d'autre part, parce que, pour l'instant, la seule version disponible est écrite en anglais. Une fois cette information obtenue, il faut, bien entendu, aller plus loin et réfléchir aux tendances qui se dégagent et aux difficultés qui caractériseront le processus lors des prochaines sessions. C'est ce à quoi nous nous attarderons lorsque nous traiterons des enjeux de la Décennie. Terminons en indiquant que le groupe de travail se réunira à nouveau en novembre prochain au Palais des nations et qu'il poursuivra l'étude du projet de déclaration.

La création d'un forum permanent aux Nations unies pour les peuples autochtones

Maintenant, en ce qui concerne la possibilité de créer une instance ou un forum permanent aux Nations unies pour les peuples autochtones, il faut rappeler que cette proposition a d'abord été formulée dans la Déclaration et le Programme d'action de la Conférence de Vienne[17].

En juin 1995, un atelier s'est tenu à Copenhague afin d'étudier cette question. Y ont participé des représentants gouvernementaux, des organisations autochtones, des organisations non gouvernementales et deux experts indépendants.

Les débats ont concerné le mandat du forum et l'opportunité ou non d'adopter une définition précise des peuples ou populations autochtones avant de créer pareille instance. On a également discuté de la place de cette instance dans la hiérarchie de l'ONU. Certains participants souhaitaient que le forum permanent se rapporte directement au Conseil économique et social, alors que d'autres souhaitaient plutôt ajouter cette fonction à l'actuel groupe de travail sur les populations autochtones créé par la Sous-commission de la lutte contre les mesures discriminatoires et de la protection des minorités. D'autres participants ont suggéré qu'avant de prendre une décision concernant ce forum permanent, il est nécessaire d'étudier comment les mécanismes, procédures et programmes qui existent déjà aux Nations unies sont utilisés pour assurer la promotion des droits des peuples autochtones. L'idée a été reprise par d'autres participants en y ajoutant l'utilité de faire cette analyse en consultant étroitement les populations autochtones et tout en poursuivant le dialogue concernant l'opportunité de créer le forum permanent.

Quant au mandat du forum permanent, des participants ont indiqué que son objectif ultime devrait être de promouvoir la paix et la prospérité. D'autres ont exprimé l'opinion que cette nouvelle instance devrait traiter globalement de toutes les questions qui concernent les populations autochtones au sein des Nations unies. Par ailleurs, selon d'autres participants, avant de discuter de

17 Conférence mondiale sur les droits de l'homme, *op. cit.*, *supra* note 2.

l'élaboration de pareil mandat, il faut d'abord faire des efforts pour que les mécanismes et procédures existants soient pleinement utilisés afin d'aborder les questions qui intéressent les populations autochtones. Quant à la composition du forum, certains participants favorisent la représentation des gouvernements et des autochtones. On a fait référence à un nombre de personnes siégeant au forum variant entre dix et vingt. Quelques réflexions préliminaires ont été formulées en ce qui concerne les besoins financiers associés à la création de cette instance permanente. On a alors fait référence au fait que ces besoins pourraient être comblés en partie par le budget ordinaire des Nations unies et en partie par des contributions volontaires provenant des États. Il a aussi été mentionné que des organisations autochtones seraient prêtes à contribuer financièrement aux activités du forum permanent. Les représentants autochtones qui étaient présents à l'atelier ont déposé un document exprimant leur position quant à la création de cette instance, document qui n'a pas été discuté en tant que tel pendant l'atelier, mais qui a été annexé au rapport[18].

Les moyens et les enjeux de la Décennie internationale des populations autochtones

Bien que trois cents millions d'individus en fassent partie, jusqu'à l'entrée en vigueur, en 1990, de la *Convention relative aux droits de l'enfant*[19], la notion même de populations autochtones n'avait jamais été directement incluse par les Nations unies dans ses instruments juridiques concernant les droits de la personne. Les raisons de cette occultation sont connues :

> Les populations autochtones ont été absentes d'une partie de l'histoire des Nations unies en raison de politiques nationales se focalisant, jusque très récemment, sur l'intégration. Il était présumé que les populations autochtones seraient lentement absorbées dans une société plus large.[20]

Les politiques d'assimilation sont aujourd'hui rejetées et les Nations unies se sont engagées depuis plus de vingt ans maintenant à documenter, d'une part, la situation particulière et à élaborer, d'autre part, des normes visant à la

18 Working Group on Indigenous Populations, Thirteenth session, 24-28 July 1995, *Consideration of a permanent forum for indigenous people. Report of the workshop held in accordance with Commission resolution 1995/30 (Copenhagen, 26-28 June 1995)*, Doc. Nations unies E/CN.4/Sub.2/AC.4/1995/7, 10 p.

19 *Convention relative aux droits de l'enfant*, A/RES/44/25, 20 novembre 1989, reproduite dans *Les Nations unies et les droits de l'homme, 1945-1995, op. cit., supra* note 11, p. 335-344.

20 *Les Nations unies et les droits de l'homme, 1945-1995, op. cit., supra* note 11, p. 108.

protection de ces oubliés de l'histoire[21]. La Décennie fait suite à une année internationale, celle de 1993, qui avait été consacrée aux populations autochtones. Madame Rigoberta Menchú, récipiendaire du prix Nobel de la paix en 1992, a été désignée ambassadrice de cette année. Lors de l'inauguration de cette année, plusieurs leaders autochtones se sont exprimés à la tribune de l'Assemblée générale des Nations unies[22]. Lors des travaux de la Commission des droits de l'homme, en 1993, différents responsables autochtones ont été invités à s'exprimer et, lors de la Conférence mondiale sur les droits de l'homme tenue à Vienne, une douzaine de représentants autochtones ont pris la parole. Avec la création en 1982 du groupe de travail sur les populations autochtones, avec l'adoption d'une année et maintenant d'une décennie à leur égard, leur participation au niveau international à des discussions, à des décisions et à des projets les concernant est maintenant assurée, et il est clair qu'il y a lieu de s'en réjouir. À simple titre d'exemple de la vivacité de leur participation sur la scène internationale, rappelons un fait bien connu : le groupe de travail sur les populations autochtones est maintenant devenu la plus grande réunion de l'ONU en matière de droits de la personne, après la Commission des droits de l'homme et la Sous-commission de la lutte contre les mesures discriminatoires et de la protection des minorités[23]. En outre, lors de la première session du groupe de travail chargé d'élaborer le projet de déclaration des Nations unies sur les droits des peuples autochtones, il a été permis à des représentants autochtones de participer très ouvertement aux débats. Enfin, lors de la dernière session de la Commission des droits de l'homme, il a été convenu qu'un des points de chacun de ses ordres du jour concernerait les peuples autochtones.

Tous en conviendront, il n'est pas suffisant de participer à un débat pour assurer son résultat. Mais le simple fait d'y participer n'est pas non plus sans influence. Aux Nations unies, pour l'instant, il est clair que les principaux acteurs demeurent les États, et ce n'est pas là le moindre des paradoxes, les rédacteurs des futurs instruments internationaux demeurant ainsi très souvent assujettis aux prérogatives de leurs pays d'origine, alors qu'ils ont pour mission d'élaborer des concepts ou des procédures favorisant la promotion et le respect de droits que beaucoup d'États violent impunément. Quoi qu'il en soit, et

---

21 Pour une analyse plus détaillée du travail accompli par les Nations unies à l'égard des peuples autochtones, lire, entre autres, A. Bissonnette, S. Bouchard et L. Sauvé, « L'affirmation de la souveraineté autochtone aujourd'hui », dans *Peuples autochtones de l'Amérique du Nord : de la réduction à la coexistence*, Sainte-Foy, Télé-Université, 2e édition remaniée et augmentée, 1995, chap. 6; D. Marantz, « Questions touchant les droits des peuples autochtones dans les instances internationales », dans *Peuples ou populations; égalité, autonomie et autodétermination: les enjeux de la Décennie internationale des populations autochtones, op. cit., supra* note 3, p. 9-71; N. Rouland, S. Pierré-Caps et J. Poumarède, *Droit des minorités et des peuples autochtones*, Paris, Presses universitaires de France, 1996, p. 396-426.

22 Des extraits de leurs discours sont reproduits dans *Seeds of A New Partnership : Indigenous Peoples and the United Nations*, New York, United Nations, 1994, p. 2-42.

23 *Les Nations unies et les droits de l'homme, op. cit., supra* note 11, p. 109.

malgré les constructions en trompe-l'œil, la langue de bois et les jeux diplomatiques associés à la *realpolitik*, les droits de la personne suscitent de plus en plus le soutien non seulement des États eux-mêmes mais également des sociétés civiles qui les composent. Et les avancées à cet égard sont significatives.

Chose certaine, le point d'entrée des peuples autochtones au sein des Nations unies, est précisément celui des droits de la personne et, en conséquence, les débats entourant le projet de déclaration sur leurs droits doivent s'inscrire dans la logique qui caractérise et structure ce domaine au sein du droit international[24]. C'est ainsi qu'à notre avis, les débats qui se poursuivront encore pendant quelques années seront marqués par des points d'équilibre ou de tension, eux-mêmes circonscrits par bon nombre d'impasses. Bien que nous soyions encore au tout début du processus, il est facile d'identifier quelques-uns de ces points : un premier se situe entre l'autoqualification des peuples autochtones et l'exigence de définition explicite dans la déclaration; un second entre l'affirmation du droit à l'autodétermination des peuples autochtones et celle de l'unité politique et de l'intégrité territoriale des États; un troisième entre les droits collectifs et les droits individuels; un quatrième entre le caractère spécifique des peuples autochtones et le principe de l'égalité entre tous les citoyens; un cinquième entre les droits territoriaux des peuples autochtones et l'intégrité territoriale des États; un sixième entre les traditions et les coutumes des peuples autochtones et celles des sociétés libres et démocratiques; un septième entre la participation des peuples autochtones par l'intermédiaire de leurs propres institutions et leur participation au sein des institutions nationales; un huitième entre la notion de consentement exprimé librement et en toute connaissance de cause par les peuples autochtones et celle de consultation préliminaire à l'adoption de décision; un neuvième entre le recours à des instances internationales ou celui à des recours internes pour régler les différends; et, enfin, un dixième entre l'adoption d'une déclaration de droits contraignant les États et l'adoption de principes guidant les politiques de ces derniers.

Tant et aussi longtemps que les impasses seront évitées et que le dialogue sera maintenu quant aux points précis d'équilibre permettant de susciter un vaste soutien international, les peuples autochtones pourront tirer profit de leur présence au sein des instances internationales et les amener à mieux prendre en considération leur situation spécifique. À la situation d'exclusion qu'ils ont subie pendant des décennies, se substituera peu à peu une véritable connaissance de leurs besoins et de leurs aspirations. Si nous avons choisi d'analyser ici deux des objectifs de la Décennie, et ce parce que nous les considérons parmi les plus importants, il ne faut pas cependant oublier le fait qu'il en existe d'autres, dont celui de rendre plus accessibles et

---

24 Chose certaine, en ce qui concerne le projet de déclaration, c'est clairement le message qui est lancé par la résolution 41/120 de l'Assemblée générale.

efficaces au profit des peuples autochtones les mécanismes, procédures et programmes existants dans le cadre des Nations unies ainsi que celui de mieux faire connaître leurs cultures, leurs droits et leurs aspirations[25]. Ces objectifs peuvent immédiatement être atteints pour autant qu'une volonté minimale y soit associée. À cet égard, les moyens que la communauté internationale est prête à consentir sont certes modestes, mais conjugués avec ceux que les peuples autochtones eux-mêmes et que les pays voudront également apporter à cette œuvre commune, ils sont suffisants pour atteindre les objectifs de la Décennie. Chose certaine, s'il devait en aller autrement, au milieu de la Décennie, le Conseil économique et social et l'Assemblée générale pourront en expliquer les raisons et recommander des solutions aux obstacles rencontrés[26].

---

25 Assemblée générale des Nations unies, *Résolution 50/157* intitulée *Programme d'activités pour la Décennie internationale des populations autochtones*, alinéas 8, 10, 11, 12 et 17 ainsi que l'alinéa 3 de l'annexe.

26 *Ibid.*, alinéa 3.

Annexe 1

Projet de déclaration des Nations unies sur les droits des peuples autochtones

adopté par

le Groupe de travail sur les populations autochtones lors de sa onzième session *

Préambule

Affirmant que les peuples autochtones sont égaux à tous les autres peuples en dignité et en droits, tout en reconnaissant le droit de tous les individus et de tous les groupes à la différence, à s'estimer différents et à être respectés en tant que tels,

Affirmant aussi que tous les peuples contribuent à la diversité et à la richesse des civilisations et des cultures qui constituent le patrimoine commun de l'humanité,

Affirmant en outre que toutes les doctrines, politiques et pratiques qui invoquent ou prônent la supériorité de peuples ou d'individus en se fondant sur des différences d'ordre national, racial, religieux, ethnique ou culturel sont racistes, scientifiquement fausses, juridiquement sans valeur, moralement condamnables et socialement injustes,

Réaffirmant que les peuples autochtones, dans l'exercice de leurs droits, ne doivent faire l'objet d'aucune forme de discrimination,

Préoccupée par le fait que de nombreux peuples autochtones ont été privés de leurs droits de l'homme et de leurs libertés fondamentales, avec pour résultats, entre autres, leur colonisation et la dépossession de leurs terres, territoires et ressources, d'où l'impossibilité pour eux d'exercer, notamment, leur droit au développement conformément à leurs propres besoins et intérêts,

Reconnaissant la nécessité urgente de respecter et de promouvoir les droits et les caractéristiques intrinsèques des peuples autochtones, en particulier leurs droits à leurs terres, à leurs territoires et à leurs ressources, qui découlent de leurs structures politiques, économiques et sociales et de leurs cultures, de leurs traditions spirituelles, de leur histoire et de leur conception de la vie,

Se félicitant du fait que les peuples autochtones s'organisent pour promouvoir

---

* Nations Unies, *Rapport sur les travaux de la onzième session du Groupe de travail sur les populations autochtones.* Doc. E/CN. 4/Sub. 2/1993/29, 23 août 1993, Annexe I, p. 56 à 67.

leur essor politique, économique, social et culturel et mettre fin à toutes les formes de discrimination et d'oppression partout où elles se produisent,

Convaincue que le contrôle par les peuples autochtones des activités de développement qui les concernent, eux et leurs terres, territoires et ressources, leur permettra de renforcer leurs institutions, leurs cultures et leurs traditions et de promouvoir leur développement selon leurs aspirations et leurs besoins,

Reconnaissant aussi que le respect des savoirs, des cultures et des pratiques traditionnelles autochtones contribue à une mise en valeur durable et équitable de l'environnement et à sa bonne gestion,

Soulignant la nécessité de démilitariser les terres et territoires des peuples autochtones et de contribuer ainsi à la paix, au progrès et au développement économiques et sociaux, à la compréhension et aux relations amicales entre les nations et les peuples du monde,

Reconnaissant, en particulier, le droit des familles et des communautés autochtones à conserver la responsabilité partagée de l'éducation, de la formation, de l'instruction et du bien-être de leurs enfants,

Reconnaissant aussi que les peuples autochtones ont le droit de déterminer librement leurs rapports avec les États, dans un esprit de coexistence, d'intérêt mutuel et de plein respect,

Considérant que les traités, accords et autres arrangements entre États et peuples autochtones sont un sujet légitime de préoccupation et de responsabilité internationales,

Reconnaissant que la Charte des Nations Unies, le Pacte international relatif aux droits économiques, sociaux et culturels et le Pacte international relatif aux droits civils et politiques affirment l'importance fondamentale du droit de tous les peuples à disposer d'eux-mêmes, droit en vertu duquel ils déterminent librement leur statut politique et assurent librement leur développement économique, social et culturel,

Considérant qu'aucune disposition de la présente Déclaration ne pourra être invoquée pour dénier à un peuple quel qu'il soit son droit à l'autodétermination,

Exhortant les États à respecter et à mettre en œuvre tous les instruments internationaux, en particulier ceux relatifs aux droits de l'homme, qui sont applicables aux peuples autochtones, en consultation et en coopération avec les peuples concernés,

Soulignant que l'Organisation des Nations Unies a un rôle important et continu à jouer dans la promotion et la protection des droits des peuples autochtones,

Convaincue que la présente Déclaration est une nouvelle étape importante dans la voie de la reconnaissance, de la promotion et de la protection des droits et libertés des peuples autochtones et dans le développement des activités pertinentes du système des Nations Unies dans ce domaine,

Proclame solennellement la Déclaration des droits des peuples autochtones dont le texte suit :

Première partie

Article premier

Les peuples autochtones ont le droit de jouir pleinement et effectivement de l'ensemble des droits de l'homme et des libertés fondamentales reconnus dans la Charte des Nations Unies, la Déclaration universelle des droits de l'homme et le droit international relatif aux droits de l'homme.

Article 2

Les autochtones, peuples ou individus, sont libres et égaux à tous les autres en dignité et en droits et ne doivent faire l'objet d'aucune forme de discrimination défavorable fondée, en particulier, sur leur origine ou identité.

Article 3

Les peuples autochtones ont le droit de disposer d'eux-mêmes. En vertu de ce droit, ils déterminent librement leur statut politique et assurent librement leur développement économique, social et culturel.

Article 4

Les peuples autochtones ont le droit de maintenir et de renforcer leurs spécificités d'ordre politique, économique, social et culturel, ainsi que leurs systèmes juridiques, tout en conservant le droit, si tel est leur choix, de participer pleinement à la vie politique, économique, sociale et culturelle de l'État.

Article 5

Tous les autochtones ont droit, à titre individuel, à une nationalité.

Deuxième partie

Article 6

Les peuples autochtones ont le droit collectif d'exister librement dans la paix et la sécurité en tant que peuples distincts et d'être pleinement protégés contre toute forme de génocide ou autre acte de violence, y compris l'enlèvement d'enfants autochtones à leurs familles et communautés, sous quelque prétexte que ce soit. Ils ont aussi le droit individuel à la vie, à l'intégrité physique et mentale, à la liberté et à la sûreté de la personne.

Article 7

Les peuples autochtones ont le droit, collectif et individuel, d'être protégés contre l'ethnocide ou le génocide culturel, notamment par des mesures visant à empêcher ou à réparer :

a) tout acte ayant pour but ou pour effet de les priver de leur intégrité en tant que peuples disctincts ou de leurs caractéristiques ou identités culturelles ou ethniques;

b) tout acte ayant pour but ou pour effet de les déposséder de leurs terres, de leurs territoires ou de leurs ressources;

c) toute forme de transfert de population ayant pour but ou pour effet de porter atteinte à l'un quelconque de leurs droits ou de l'éroder;

d) toute forme d'assimilation ou d'intégration à d'autres cultures ou modes de vie imposée par des mesures législatives, administratives ou autres;

e) toute forme de propagande dirigée contre eux.

Article 8

Les peuples autochtones ont le droit, collectif et individuel, de conserver et de développer leurs caractéristiques et identités distinctes, y compris le droit de revendiquer leur qualité d'autochtones et d'être reconnus en tant que tels.

Article 9

Les autochtones, à titre individuel et collectif, ont le droit d'appartenir à une communauté ou à une nation autochtone conformément aux traditions et coutumes de la communauté ou de la nation concernée, et aucun désavantage quel qu'il soit ne saurait résulter de l'exercice de ce droit.

Article 10

Les peuples autochtones ne peuvent être contraints de quitter leurs terres et territoires. Il ne peut y avoir de réinstallation qu'avec le consentement exprimé librement, et en toute connaissance de cause, des peuples autochtones concernés et après accord sur une indemnisation juste et équitable et, si possible, avec possibilité de retour.

Article 11

Les peuples autochtones ont droit à une protection spéciale et à la sécurité en période de conflit armé.

Les États doivent respecter les normes internationales, en particulier la Quatrième Convention de Genève de 1949, relatives à la protection des populations civiles dans les situations d'urgence et de conflit armé, et s'abstenir :

a) de recruter contre leur gré des autochtones dans leurs forces armées, en particulier pour les utiliser contre d'autres peuples autochtones;

b) de recruter des enfants autochtones dans leurs forces armées, quelques que soient les circonstances;

c) de contraindre des autochtones à abandonner leurs terres, territoires et moyens de subsistance ou de les réinstaller dans des centres spéciaux à des fins militaires;

d) de contraindre des autochtones à travailler à des fins militaires dans des conditions discriminatoires, quelles qu'elles soient.

Troisième partie

Article 12

Les peuples autochtones ont le droit de faire renaître et de perpétuer leurs coutumes et cultures traditionnelles. Cela comprend le droit de conserver, protéger et développer les manifestations matérielles passées, présentes et futures de leurs cultures, telles que les sites archéologiques et historiques, l'artisanat, les desseins et modèles, les rites, les techniques, les arts visuels et les arts du spectacle et la littérature. Ils ont aussi droit à la restitution des biens culturels, intellectuels, religieux et spirituels qui leur ont été enlevés sans qu'ils y aient consenti librement et en toute connaissance de cause, ou en violation de leurs lois, traditions et coutumes.

Article 13

Les peuples autochtones ont le droit de manifester, pratiquer, promouvoir et enseigner leurs traditions, coutumes et rites religieux et spirituels; le droit d'entretenir et de protéger leurs sites religieux et culturels et d'y avoir accès en privé; le droit d'utiliser et de contrôler les objets rituels et le droit au rapatriement des restes humains.

Les États doivent, en collaboration avec les peuples autochtones concernés, prendre les mesures qui s'imposent pour faire en sorte que les lieux sacrés, dont les lieux de sépulture, soient protégés et respectés.

Article 14

Les peuples autochtones ont le droit de faire renaître, d'utiliser, de développer et de transmettre aux générations futures leur histoire, leur langue, leurs traditions orales, leur philosophie, leur système d'écriture et leur littérature, ainsi que de choisir ou de conserver leurs propres dénominations pour les communautés, les lieux et les personnes.

Chaque fois qu'un des droits des peuples autochtones sera menacé, les États prendront les mesures qui s'imposent pour le protéger et pour faire en sorte que les intéressés puissent comprendre le déroulement des procédures politiques, juridiques et administratives et être eux-mêmes compris, grâce, le cas échéant, à l'assistance d'interprètes ou par d'autres moyens appropriés.

Quatrième partie

Article 15

Les enfants autochtones ont le droit d'accéder à tous les niveaux et à toutes les formes d'enseignement public. Tous les peuples autochtones ont aussi ce droit et celui d'établir et de contrôler leurs propres systèmes et établissements d'enseignement, de dispenser un enseignement dans leurs propres langues, conformément à leurs méthodes culturelles d'enseignement et d'apprentissage.

Les enfants autochtones vivant à l'extérieur de leurs communautés doivent avoir accès à un enseignement conforme à leur propre culture et dispensé dans leur propre langue.

Les États feront en sorte que des ressources appropriées soient affectées à cette fin.

Article 16

Les peuples autochtones ont droit à ce que toutes les formes d'enseignement et d'information publique reflètent fidèlement la dignité et la diversité de leurs cultures, de leurs traditions, de leur histoire et de leurs aspirations.

Les États prendront les mesures qui s'imposent, en concertation avec les peuples autochtones, pour éliminer les préjugés et la discrimination, promouvoir la tolérance et la compréhension et instaurer de bonnes relations entre les peuples autochtones et tous les secteurs de la société.

Article 17

Les peuples autochtones ont le droit d'établir leurs propres médias dans leurs propres langues. Ils ont aussi le droit d'accéder, sur un pied d'égalité, à toutes les formes de médias non autochtones.

Les États prendront les mesures qui s'imposent pour faire en sorte que les médias qui leur appartiennent reflètent dûment la diversité culturelle des autochtones.

Article 18

Les peuples autochtones ont le droit de jouir pleinement de tous les droits établis en vertu du droit du travail, aux niveaux international et national.

Les autochtones, à titre individuel, ont le droit d'être protégés contre toute discrimination en matière de conditions de travail, d'emploi ou de rémunération.

Cinquième partie

Article 19

Les peuples autochtones ont le droit de participer, s'ils le souhaitent, pleinement et à tous les niveaux, à la prise de décisions pouvant avoir des incidences sur leurs droits, leur mode de vie et leur avenir, par l'intermédiaire de représentants qu'ils auront choisis conformément à leurs propres procédures. Ils ont aussi le droit de conserver et de développer leurs propres institutions décisionnelles.

Article 20

Les peuples autochtones ont le droit de participer pleinement, s'ils le souhaitent, suivant des procédures qu'ils auront déterminées, à l'élaboration de mesures législatives ou administratives susceptibles de les affecter.

Avant d'adopter et d'appliquer de telles mesures, les États doivent obtenir le consentement, exprimé librement et en toute connaissance de cause, des peuples intéressés.

Article 21

Les peuples autochtones ont le droit de conserver et de développer leurs systèmes politiques, économiques et sociaux, de jouir en toute sécurité de leurs propres moyens de subsistance et de développement et de se livrer librement à toutes leurs activités économiques, traditionnelles ou autres. Les peuples autochtones qui ont été privés de leurs moyens de subsistance ont droit à une indemnisation juste et équitable.

Article 22

Les peuples autochtones ont droit à des mesures spéciales visant à améliorer de façon immédiate, effective et continue leur situation économique et sociale, y compris dans les domaines de l'emploi, de la formation et de la reconversion professionnelles, du logement, de l'assainissement, de la santé et de la sécurité sociale.

Il convient d'accorder une attention particulière aux droits et aux besoins particuliers des personnes âgées, des femmes, des jeunes, des enfants et des handicapés autochtones.

Article 23

Les peuples autochtones ont le droit de définir et d'élaborer des priorités et des stratégies en vue d'exercer leur droit au développement. En particulier, ils ont le droit de définir et de développer tous les programmes de santé, de logement et autres programmes économiques et sociaux les concernant et, autant que possible, de les administrer par le biais de leurs propres institutions.

Article 24

Les peuples autochtones ont droit à leurs pharmacopées et pratiques médicales traditionnelles, y compris le droit à la protection des plantes médicinales, des animaux et des minéraux d'intérêt vital.

Ils doivent aussi avoir accès, sans discrimination, à tous les services et soins médicaux institutionnels.

Sixième partie

Article 25

Les peuples autochtones ont le droit de conserver et de renforcer les liens particuliers, spirituels et matériels, qui les unissent à leurs terres, à leurs territoires, à leurs eaux fluviales et côtières, et aux autres ressources qui constituent leur patrimoine, ou qu'ils occupent ou exploitent, traditionnellement, et d'assumer leurs responsabilités en la matière à l'égard des générations futures.

Article 26

Les peuples autochtones ont le droit de posséder, de mettre en valeur, de gérer et d'utiliser leurs terres et territoires, c'est-à-dire l'ensemble de leur environnement comprenant les terres, l'air, les eaux, fluviales et côtières, la banquise, la flore, la faune et autres ressources qu'ils possèdent ou qu'ils occupent ou exploitent traditionnellement. Cela inclut le droit à la pleine reconnaissance de leurs lois, traditions et coutumes, de leur régime foncier et des institutions d'exploitation et de gestion de leurs ressources, ainsi que le droit à des mesures de protection efficaces de la part des États contre toute ingérence ou toute aliénation ou limitation de ces droits.

Article 27

Les peuples autochtones ont droit à la restitution des terres, des territoires et des ressources qu'ils possédaient ou qu'ils occupaient ou exploitaient traditionnellement et qui ont été confisqués, occupés, utilisés ou dégradés sans leur libre consentement, donné en connaissance de cause. Lorsque cela n'est pas possible, ils ont droit à une indemnisation juste et équitable. Sauf décision librement exprimée par les peuples concernés, l'indemnisation se fera sous forme de terres, de territoires et des ressources équivalents quant à leur qualité, leur importance et leur statut juridique.

Article 28

Les peuples autochtones ont droit à la préservation, à la restauration et à la protection de leur environnement dans son ensemble et de la capacité de production de leurs terres, territoires et ressources, ainsi qu'à une assistance à cet effet de la part des États et par le biais de la coopération internationale. Il ne pourra y avoir d'activités militaires sur les terres et territoires des peuples autochtones sans leur accord librement exprimé.

Les États feront en sorte qu'aucune matière dangereuse ne soit stockée ou déchargée sur les terres ou territoires des peuples autochtones.

Les États prendront aussi les mesures qui s'imposent pour assurer la mise en œuvre des programmes visant à surveiller, préserver et restaurer la santé des peuples autochtones affectés par ces matières, tels que conçus et exécutés par ces peuples.

Article 29
Les peuples autochtones ont droit à la pleine reconnaissance, à la surveillance et à la protection de leur patrimoine culturel et intellectuel.

Les peuples autochtones ont droit à des mesures spéciales destinées à leur permettre de contrôler, de développer et de protéger leurs sciences, leurs techniques et les manifestations de leurs cultures, y compris leurs ressources humaines et autres ressources génétiques, leurs semences, leur pharmacopée, leur connaissance des propriétés de la faune et de la flore, leurs traditions orales, leur littérature, leurs desseins et modèles, leurs arts visuels et leurs arts du spectacle.

Article 30
Les peuples autochtones ont le droit de définir des priorités et d'élaborer des stratégies pour la mise en valeur et l'utilisation de leurs terres, territoires et autres ressources. Ils ont notamment le droit d'exiger que les États obtiennent leur consentement, exprimé librement et en toute connaissance de cause, avant l'approbation de tout projet concernant leurs terres, territoires et autres ressources et portant, en particulier, sur la mise en valeur, l'utilisation ou l'exploitation des ressources minérales, des ressources en eau ou de toutes autres ressources. En accord avec les peuples autochtones concernés, des indemnités justes et équitables leur seront accordées pour compenser les effets néfastes de telles activités et mesures sur les plans écologique, économique, social, culturel ou spirituel.

Septième partie

Article 31
Les peuples autochtones, dans l'exercice de leur droit à disposer d'eux-mêmes sous une forme qui leur est propre, ont le droit d'être autonomes et de s'administrer eux-mêmes en ce qui concerne les questions relevant de leurs affaires intérieures et locales, notamment la culture, la religion, l'éducation, l'information, les médias, la santé, le logement, l'emploi, la protection sociale, les activités économiques, l'administration des terres et des ressources, l'environnement et l'accès de non-membres à leur territoire, ainsi que les moyens de financer ces activités autonomes.

Article 32
Les peuples autochtones ont le droit, collectivement, de choisir leur propre citoyenneté, conformément à leurs coutumes et traditions. La citoyenneté autochtone n'affecte en rien le droit individuel des autochtones d'obtenir la citoyenneté de l'État dans lequel ils résident.

Les peuples autochtones ont le droit de déterminer les structures de leurs institutions et d'en choisir les membres selon leurs propres procédures.

Article 33
Les peuples autochtones ont le droit de promouvoir, de développer et de

conserver leurs structures institutionnelles ainsi que leurs propres coutumes, traditions, procédures et pratiques juridiques en conformité avec les normes internationalement reconnues dans le domaine des droits de l'homme.

Article 34

Les peuples autochtones ont le droit collectif de déterminer les responsabilités des individus envers leurs communautés.

Article 35

Les peuples autochtones, en particulier ceux qui sont divisés par des frontières internationales, ont le droit d'entretenir et de développer, à travers ces frontières, des contacts, des relations et des liens de coopération avec les autres peuples, notamment dans les domaines spirituel, culturel, politique, économique et social.

Les États prendront les mesures qui s'imposent pour garantir l'exercice et la jouissance de ce droit.

Article 36

Les peuples autochtones ont le droit d'exiger que les traités, accords et autres arrangements constructifs conclus avec des États ou leurs successeurs soient reconnus, honorés, respectés et appliqués par les États conformément à leur esprit et à leur but originels. Les différends qui ne peuvent être réglés par d'autres moyens doivent être soumis aux instances internationales compétentes choisies d'un commun accord par toutes les parties concernées.

Huitième partie

Article 37

Les États doivent prendre, en consultation avec les peuples autochtones concernés, les mesures nécessaires pour donner plein effet aux dispositions de la présente Déclaration. Les droits qui y sont énoncés devront être adoptés et incorporés dans leur législation interne de manière que les peuples autochtones puissent concrètement s'en prévaloir.

Article 38

Les peuples autochtones ont le droit de recevoir une assistance financière et technique adéquate, de la part des États et au titre de la coopération internationale, pour poursuivre librement leur développement politique, économique, social, culturel et spirituel et pour jouir des droits et libertés reconnus dans la présente Déclaration.

Article 39

Les peuples autochtones ont le droit d'avoir accès à des procédures mutuellement acceptables et équitables pour résoudre les conflits ou les différends avec des États et d'obtenir de promptes décisions en la matière. Ils ont également droit à des voies de recours efficaces pour toutes violations de leurs droits individuels et collectifs. Toute décision tiendra compte des coutumes, traditions, règles et systèmes juridiques des peuples autochtones concernés.

Article 40
Les organes et les institutions spécialisées du système des Nations Unies et les autres organisations intergouvernementales doivent contribuer à la pleine réalisation des dispositions de la présente Déclaration par la mobilisation, entre autres, de la coopération financière et de l'assistance technique. Les moyens d'assurer la participation des peuples autochtones aux questions les concernant doivent être mis en place.

Article 41
L'Organisation des Nations Unies prendra les mesures nécessaires pour assurer l'application de la présente Déclaration, notamment en créant au plus haut niveau un organe investi de compétences particulières dans ce domaine, avec la participation directe de peuples autochtones. Tous les organes des Nations Unies favoriseront le respect et la pleine application des dispositions de la présente Déclaration.

Neuvième partie

Article 42
Les droits reconnus dans la présente Déclaration constituent les normes minimales nécessaires à la survie, à la dignité et au bien-être des peuples autochtones du monde.

Article 43
Tous les droits et libertés reconnus dans la présente Déclaration sont garantis de la même façon à tous les autochtones, hommes et femmes.

Article 44
Aucune disposition de la présente Déclaration ne peut être interprétée comme entraînant la diminution ou l'extinction de droits que les peuples autochtones peuvent déjà avoir ou sont susceptibles d'acquérir.

Article 45
Aucune disposition de la présente Déclaration ne peut être interprétée comme conférant à un État, à un groupe ou à individu le droit de se livrer à une activité ou à un acte contraire à la Charte des Nations Unies.

Annexe 2

41/120 Établissement de normes internationales dans le domaine des droits de l'homme

L'Assemblée générale,

Rappelant la gamme étendue de normes internationales relatives aux droits de l'homme qui ont été établies par elle et par d'autres organes de l'Organisation des Nations Unies et les institutions spécialisées,

Soulignant la primauté à cet égard de la Déclaration universelle des droits de l'homme, du Pacte international relatif aux droits civils et politiques et du Pacte international relatif aux droits économiques, sociaux et culturels,

Réaffirmant que l'application effective de ces normes internationales revêt une importance fondamentale,

Consciente de l'importance de poursuivre les efforts visant à définir les domaines dans lesquels de nouvelles mesures internationales sont nécessaires pour développer le cadre juridique international existant dans le domaine des droits de l'homme, conformément à l'alinéa a du paragraphe 1 de l'Article 13 de la Charte des Nations Unies,

Reconnaissant également que l'établissement de normes devrait s'appuyer sur des travaux préparatoires adéquats,

Soulignant que l'activité normative de l'Organisation des Nations Unies devrait être aussi efficace et productive que possible,

1. *Engage* les États Membres et les organismes des Nations Unies à accorder la priorité à l'application des normes internationales existantes relatives aux droits de l'homme et demande instamment une large ratification des traités existant dans ce domaine ou une large adhésion à ces instruments;

2. *Prie* instamment les États Membres et les organismes des Nations Unies qui s'emploient à établir de nouvelles normes internationales relatives aux droits de l'homme de tenir dûment compte dans leurs travaux du cadre juridique international institué;

3. *Réaffirme* le rôle important qui revient à la Commission des droits de l'homme, entre autres organes compétents de l'Organisation des Nations Unies, dans l'élaboration d'instruments internationaux relatifs aux droits de l'homme;

4. *Invite* les États Membres et les organismes des Nations Unies à garder à l'esprit les principes directeurs ci-après lorsqu'ils élaborent des instruments internationaux relatifs aux droits de l'homme;

Ces instruments devraient notamment :

a) Concorder avec l'ensemble du droit international existant en matière de droits de l'homme;

b) Revêtir un caractère fondamental et procéder de la dignité et de la valeur inhérentes à la personne humaine;

c) Être suffisamment précis pour que les droits et obligations en découlant puissent être définis et mis en pratique;

d) Être assortis, le cas échéant, de mécanismes d'application réalistes et efficaces, y compris des systèmes d'établissement de rapports;

e) Susciter un vaste soutien international;

5. *Prie* le Secrétaire général d'assurer le concours spécialisé nécessaire aux organes de l'Organisation des Nations Unies qui s'emploient à établir des normes dans le domaine des droits de l'homme.

97e séance plénière
4 décembre 1986

Les traités avec les peuples autochtones :

un exemple de pluralisme juridique

Sébastien Grammond*

Le pluralisme juridique reconnaît que l'État n'est pas la seule source de normativité. Des règles de droit peuvent donc émerger de plusieurs sources différentes. Dans le contexte des traités entre l'État et les peuples autochtones, on peut envisager l'application de trois ordres juridiques différents : l'ordre juridique international, l'ordre juridique canadien et l'ordre juridique autochtone. La présente conférence décrira, dans une perspective pluraliste, les interactions entre le droit international et le droit canadien.

Le droit international

Le droit international est un ensemble de règles qui régissent les relations entre États souverains. Ce droit a la particularité de ne pas être édicté par un législateur centralisé, comme c'est normalement le cas des droits nationaux. Son contenu découle plutôt de la pratique des États. On peut donc dire qu'il s'agit d'un droit coutumier.

Les traités avec les peuples autochtones sont-ils régis par le droit international? Pour répondre à cette question, il faut déterminer si les peuples autochtones ont été historiquement considérés comme des États souverains. En effet, seuls les traités conclus entre des États souverains sont soumis au droit international.

L'examen de la pratique des puissances européennes qui ont colonisé l'Amérique du Nord démontre que, jusque vers la fin du XVIIIe siècle, celles-ci

* Sébastien Grammond est avocat et spécialiste des questions autochtones.

ont généralement traité les peuples autochtones comme des États souverains avec qui elles entretenaient des relations de nature internationale. Par exemple, les commissions émises par le Roi de France aux explorateurs De Monts et Champlain ordonnaient à ces derniers de conclure paix et alliance avec les « princes » autochtones. Cette attitude n'était pas toujours désintéressée. Ainsi, lorsque le gouverneur de la Nouvelle-France a fait signer, en 1748, une « déclaration d'indépendance » aux Iroquois, ce n'était que pour affirmer par la suite que le territoire des Iroquois n'appartenait pas aux Anglais. On peut donc affirmer que les traités de cette période sont de véritables traités internationaux. La reconnaissance du statut international des autochtones a subsisté jusqu'au milieu du XIXe siècle, lorsque les Anglais ont acquis la Nouvelle-Zélande des Maoris par le traité de Waitangi que le Conseil privé a considéré comme un traité international.

Cependant, à partir du début du XIXe siècle, le statut international des peuples autochtones s'est rapidement effrité. En Amérique du Nord, la fin de la rivalité entre la France et l'Angleterre, puis entre les États-Unis et l'Angleterre, a mis un terme à l'importance militaire des autochtones. Les idéologies positivistes et évolutionnistes, alliées à un besoin croissant de terres pour l'agriculture, ont amené les gouvernements à adopter une attitude autoritaire envers les autochtones. Les rares décisions internationales portant sur les autochtones qui furent rendues pendant cette période ont nié la personnalité internationale des peuples autochtones. Depuis ce moment, les tribunaux canadiens ont constamment réaffirmé que les traités avec les autochtones n'étaient pas régis par le droit international.

On assiste cependant à un retour du balancier avec l'adoption d'instruments internationaux concernant les peuples autochtones. La Convention 169 de l'Organisation internationale du travail et le projet de déclaration des droits des peuples autochtones qui devrait être adopté au cours des prochaines années par les Nations unies en sont de bons exemples. Aussi, on s'accorde de plus en plus pour dire que les peuples autochtones jouissent d'un droit à l'autodétermination, bien que les contours précis de ce droit demeurent vivement contestés. On voit donc qu'il existe un nombre de plus en plus grand de règles internationales concernant les peuples autochtones. Certains souhaitent même la création d'instances internationales pour juger la conduite des États face à ces peuples. Cependant, ceux-ci n'ont pas encore, loin de là, retrouvé le statut d'États souverains dont ils jouissaient il y a deux siècles. Ce secteur du droit est donc en pleine évolution.

Le droit canadien

Le droit canadien, quant à lui, possède trois couches de règles qui s'appliquent aux traités avec les peuples autochtones. Au départ, il considère ces traités comme des contrats, ce qui, en principe, rend applicables les règles du droit privé. Même si, en théorie, le droit privé reconnaît le caractère obligatoire des contrats, son utilisation peut poser certains problèmes, notamment sur le plan de l'interprétation de traités dont les termes étaient rédigés par les agents du gouvernement.

Le caractère public des traités rend aussi applicables les règles du droit administratif. Or, une des règles de base du droit public est le principe de la suprématie du Parlement. Les tribunaux ont donc reconnu qu'une loi du Parlement pouvait validement éteindre des droits issus de traités. Il est évident que les autochtones considèrent de telles lois comme autant de violations d'engagements qu'ils croyaient pourtant sacrés.

Ces lacunes ont fait place, depuis une vingtaine d'années, au développement d'un ensemble de règles spécifiques visant les traités. Ces règles consacrent, du moins en partie, l'obligation de l'État de respecter les traités et affirment, à travers l'article 35 de la *Loi constitutionnelle de 1982,* leur statut constitutionnel. De plus, les tribunaux ont développé des règles d'interprétation du contenu des traités qui tiennent compte, jusqu'à un certain point, de la vision qu'ont les autochtones de ces traités.

Interactions entre les deux ordres juridiques

Le droit canadien et les autres droits nationaux ont eu une influence importante sur le droit international au cours du XIXe siècle et de la plus grande partie du XXe. En effet, ils ont amené celui-ci à se retirer graduellement du champ des traités avec les autochtones. Par contre, le droit international semble aujourd'hui reprendre sa place, en s'inspirant parfois de la vision des peuples autochtones et, donc, de leurs propres ordres juridiques.

De même, le droit canadien a récemment subi l'influence du droit international en reconnaissant au moins en partie, notamment à travers l'article 35 de la *Loi constitutionnelle de 1982,* le caractère inviolable des traités.

Deuxième partie
Perspectives psychosociales

Bâtir notre futur sur nos traditions

Marc Lalande*

L'Association canadienne autochtone en science et en ingénierie

L'Association canadienne autochtone en science et en ingénierie (ACASI) est un organisme privé sans but lucratif qui vise à faire augmenter de façon significative le nombre de scientifiques et d'ingénieurs autochtones au Canada et à former au sein des collectivités autochtones des dirigeants possédant des connaissances techniques. L'objectif ultime de l'ACASI est de stimuler l'avancement des autochtones en les aidant à devenir des membres autosuffisants et autonomes de la société.

L'ACASI, en collaboration avec l'American Indian Science and Engineering Society, intervient auprès des élèves autochtones dès l'école primaire. Elle organise des colonies de vacances sur les sciences et les mathématiques, des cours de formation pour les enseignants et des programmes d'encadrement afin d'améliorer les connaissances des élèves autochtones en sciences et en mathématiques et de les préparer aux pressions des études postsecondaires.

Pour les étudiants des collèges et des universités, l'ACASI organisera des bourses d'études qu'elle sollicitera de commanditaires corporatifs. Le

---

* Marc Lalande est ingénieur et économiste, cofondateur et secrétaire de l'Association canadienne autochtone en science et en ingénierie (ACASI).

réseau de contacts de l'ACASI offrira des possibilités de recrutement pour mieux préparer les étudiants autochtones à des carrières prometteuses en sciences et en ingénierie.

Chaque étudiant recevant l'assistance de l'ACASI doit à son tour fournir des services aux collectivités une fois son diplôme obtenu. De cette façon, les étudiants aidés par l'ACASI non seulement deviennent des professionnels dans un domaine technique, mais ils aident également à bâtir l'avenir des peuples autochtones.

Objectifs de l'association

1. Faire en sorte que les jeunes autochtones du Canada aient davantage de possibilités d'entreprendre et de réussir des carrières en sciences et en ingénierie en prenant les moyens suivants :

   Activités précollégiales : présenter aux élèves autochtones fréquentant des écoles primaires et secondaires le monde des sciences et des techniques , ainsi des exemples de réussite, en vue de susciter leur intérêt et de les préparer sur le plan scolaire à des carrières dans ces domaines. Les activités précollégiales comprennent des clubs de sciences et de mathématiques, des colonies de vacances sur les sciences, des divisions précollégiales, des foires scientifiques, des programmes de cours d'été et d'autres activités spéciales.

   Formation des enseignants : encourager divers programmes pour les enseignants afin d'améliorer l'enseignement des mathématiques et des sciences tout en perpétuant les traditions autochtones, de sorte que les élèves autochtones soient plus aptes à faire des études collégiales en mathématiques et en sciences.

   Divisions collégiales : promouvoir la constitution de divisions collégiales dans tout le Canada là où il existe un intérêt manifeste à l'égard de l'avancement des étudiants autochtones canadiens se spécialisant en sciences et en ingénierie.

   Formation de dirigeants : aider à former les étudiants autochtones canadiens de niveaux secondaires et postsecondaires afin de les encourager à acquérir des qualités de chef et, comme modèles à suivre, leur présenter des scientifiques, des ingénieurs et des technologues autochtones, ainsi que des chefs d'entreprise. Préparer les étudiants à devenir des dirigeants actifs et compétents dans leur communauté et des guides pour les jeunes étudiants autochtones.

   Salons de l'emploi - aide à l'emploi : fournir des services de placement pour les emplois d'été et les postes permanents à l'intérieur des gouvernements, auprès des premières nations, des entreprises privées et des établissements d'enseignement, ainsi que pour le retour dans la communauté.

2. Faire de la promotion auprès des premières nations, les encourager et les aider à diriger les secteurs des sciences, de l'ingénierie et des techniques connexes et à y participer tout en maintenant comme responsabilité et objectif de première importance le respect de l'éthique traditionnelle et la protection de l'environnement.
3. Chercher des terrains d'entente et des moyens de collaborer avec toutes les autres parties intéressées provenant du secteur des sciences, de l'ingénierie et du gouvernement et assurer la liaison avec ces groupes professionnels, ce qui comprend la préparation d'une entente avec l'American Indian Science and Engineering Society (AISES).
4. Faciliter la formation de réseaux au moyen de séminaires, d'ateliers, de conférences, de communiqués et de contacts personnels entre les membres et les parties intéressées.

Biographies des administrateurs

Gary Bosgoed, ingénieur

Gary Bosgoed est président de la Bosgoed Project Consultants Ltd, une société affiliée à la SNC-Lavalin inc. qui fournit des services de consultation et de gestion de projets en Saskatchewan et au Manitoba. Il a obtenu un B.Sc.A. en génie des ensembles industriels à l'université de Régina.

M. Bosgoed a une grande expérience des études techniques universitaires et communautaires. À titre de membre du conseil de l'Association des anciens de l'université de Régina de 1986 à 1992, il a été président et chef du financement et il a participé à plusieurs comités et à diverses activités. M. Bosgoed a aussi fait partie du Conseil du fonds pour le matériel technique. Il a récemment été élu au sénat de l'université de Régina et il est membre des comités sur l'ingénierie et sur les cours d'extension scolaire.

M. Bosgoed est l'ancien président de l'Ind-EX 92, la Western Canadian Industry Exhibition Association, et il est toujours un membre actif de cette association. Il est actuellement président du Comité de perfectionnement de l'éducation de l'Association of Professional Engineers of Saskatchewan et de la Saskatchewan Innovators in the Schools Programs. M. Bosgoed fait également partie de plusieurs autres organismes communautaires dont le Régina Centre Progress Club et la Chambre de commerce de Régina.

Todd K. Bruyere, ingénieur

Todd Bruyere est membre de la première nation de Couchiching dans le nord-ouest de l'Ontario et est diplômé de l'université du Manitoba. Il occupe le poste d'ingénieur des services conseils du conseil tribal Pwi-di-goo-zing Ne-yaa-zhing, organisation qui donne des services à dix communautés des premières nations près de Fort Frances. M. Bruyere est membre de la Professional Engineers of Ontario, de l'Association of Professional Engineers of the Province of Manitoba et de l'American Indian Science and Engineering Society. Ses fonctions consistent à fournir des services de consultation pour toutes les étapes de la planification des immobilisations, y compris l'entretien, et à assurer la conception préliminaire par la planification. Il a par le passé travaillé pour la section de Travaux publics Canada à l'intérieur du MAINC à Winnipeg (Manitoba) et pour l'unité technique du conseil tribal de Matawa à Thunder Bay, Ontario.

Karen E. Decontie, ingénieur

Karen Decontie est membre de la bande de la rivière Désert de Maniwaki (Québec). Elle occupe le poste d'ingénieur civil au Service canadien des parcs de Travaux publics Canada en Alberta. Elle a pour fonctions de fournir des conseils techniques et d'assurer la conception technique, surtout en ce qui concerne la structure dans le cadre des projets de génie civil dans les parcs nationaux et les lieux historiques de l'Alberta et de la Colombie-Britannique. Tout en travaillant à plein temps, madame Decontie fait actuellement sa maîtrise en génie de structure et elle suit des cours dans le domaine de la restauration des immeubles historiques. Elle a eu de nombreuses occasions de promouvoir la profession d'ingénieur auprès des collectivités et des organismes autochtones aux niveaux local et national.

Mervin J. Dewasha, ingénieur

Mervin Dewasha fait partie du territoire mohawk de Wahta, Ontario. Il est présentement président de l'Association canadienne autochtone en science et en ingénierie. Il a obtenu son diplôme d'ingénieur civil à l'université Queen's en 1971. Il possède vingt-deux ans d'expérience dans la gestion des services d'ingénierie et d'architecture fournis aux collectivités autochtones du Canada, dont quinze ans comme gestionnaire supérieur à Travaux publics Canada. M. Dewasha est membre de la Professional Engineers of Ontario.

M. Dewasha est présentement officier de projets spéciaux pour les Chiefs of Ontario à Toronto, Ontario. Il utilise sa vaste expérience dans le programme d'immobilisations afin de créer des changements innovateurs. Ses principales initiatives sont le développement d'institutions financières autochtones afin de financer des logements, des infrastructures, des écoles et du développement économique.

Russell Gregory Everett, architecte

Russell Everett est membre de la bande English River, une nation chipewyan vivant près de la rivière Churchill, dans le nord de la Saskatchewan. M. Everett a travaillé pour le Conseil tribal de Meadow Lake en tant que directeur-adjoint pour le projet de représentation cartographique des ressources, dans le cadre duquel il a mis au point un répertoire d'exploitation numérisé des ressources des terres autochtones pour les bandes du district de Meadow Lake. La thèse en architecture de M. Everett lui a valu un prix pour son apport à la théorie de l'architecture et pour son approfondissement de l'architecture autochtone. M. Everett travaille actuellement pour Travaux publics Canada et ses fonctions englobent des projets touchant diverses bandes des régions maritimes.

Allan Happyjack, ingénieur

Allan Happyjack est membre de la première nation crie de Waswanipi et est diplômé en génie civil. Il a occupé divers postes d'ingénieur routier et il sert activement sa collectivité à titre de directeur de la Commission scolaire crie.

Marc Lalande, ingénieur

Marc Lalande, dont les ancêtres sont originaires d'Oka, est fondateur et, présentement, le secrétaire de l'Association canadienne autochtone en science et en ingénierie. Il est gradué en génie géophysique de l'École polytechnique de Montréal en 1977. Il est aussi détenteur d'un baccalauréat en économie de l'université d'Ottawa en 1985. Il a une vaste expérience de la comptabilité des coûts pour les immeubles, les services municipaux et la construction des routes et des ponts dans les réserves indiennes de tout le Canada. Il a aussi de l'expérience en économie des minéraux au Manitoba et en Nouvelle-Écosse. M. Lalande est membre de l'Ordre des ingénieurs du Québec et de l'Association canadienne-française pour l'avancement des sciences (ACFAS). Il fait activement la promotion de la profession d'ingénieur auprès des étudiants des premières nations.

Hans L. Matthews, B.Sc., membre AGC

Hans L. Matthews fait partie de la première nation des Chippewas de Rama et il est géologue possédant une grande expérience des recherches géologiques, de l'exploitation économique des minéraux, de la planification stratégique, de l'acquisition des biens et des négociations connexes et des services d'orientation technique fournis au secteur privé et aux groupes autochtones. En plus de sa formation universitaire, dont des études de troisième cycle en géologie, il possède plus de quinze ans d'expérience en prospection et en exploitation minières, surtout en relation avec l'or et les métaux usuels, pour les grandes et les petites sociétés minières du Canada et des États-Unis. M. Matthews est membre de l'Association géologique du Canada et de l'American Science and Engineering Society. Il est président et fondateur de la Canadian Aboriginal Minerals Association.

Dan Miskokomon

Dan Miskokomon est membre de la première nation de Walpole Island et il est diplômé en génie mécanique. Il possède et dirige une société de services de consultation et de gestion en Ontario depuis plusieurs années. Il fait partie d'un certain nombre de comités et de conseils.

Marc Paré, ingénieur junior

Marc Paré est membre de la première nation des Micmacs (Maria). Il a obtenu son diplôme dans le programme de fabrication mécanique au Cégep de Rimouski en 1979. M. Paré travaille actuellement pour Pratt & Whitney Canada Inc. et il a depuis 1979 rempli dans diverses sections les fonctions de planificateur dans le domaine de l'assemblage et de la mise à l'essai des moteurs. Il a obtenu son baccalauréat en technologie de la mécanique en décembre 1988. Par la suite, en janvier 1990, il est retourné aux études pour devenir ingénieur et a reçu son diplôme en avril 1993.

[25 avril 1995]

Spiritualité amérindienne et retour aux valeurs traditionnelles

Léonard Paul*

Nous nous perdons souvent en conjectures lorsque nous voulons vraiment saisir le sens de la spiritualité amérindienne. Beaucoup de jeunes Amérindiens recherchent cette source qui semble virtuellement s'assécher et ils ne s'accrochent bien souvent qu'aux signes extérieurs. De ce fait, ils ratent leur rendez-vous pour rendre la spiritualité signifiante dans leur propre vie.

Depuis quelque temps, les anciens ont commencé à livrer le contenu de cette spiritualité aux jeunes et aux adultes qui veulent se sortir du mal de vivre et appréhender plus facilement les contraintes et les exigences du monde occidental. Pour les besoins de mon exposé, je limiterai mes propos à trois points qui me semblent majeurs pour clarifier le sens de la spiritualité amérindienne dans le vécu d'aujourd'hui.

Nous aborderons d'abord les caractéristiques du tandem culture et spiritualité, qui forme le nœud de l'organisation sociale des Innus (Montagnais). De plus, considérant l'anomie sociale vécue par nos communautés amérindiennes, nous reviendrons sur ce qui s'est dit dans un colloque sur l'éducation et la culture tenu à Sept-Îles du 16 au 18 mai 1995. Nous examinerons également les possibilités d'une rencontre entre la spiritualité amérindienne et le christianisme, rencontre susceptible de constituer les éléments d'une pastorale en milieu autochtone.

À une époque où l'économie triomphe en imposant la suprématie de l'efficacité, l'aspect spirituel ne peut être considéré comme une panacée inutile et désuète, car, chez les Amérindiens, la spiritualité est synonyme d'efficacité.

---

* Léonard Paul est montagnais, étudiant au doctorat en théologie à l'UQAC, directeur de l'école Nussim de Betsiamites, président de l'ICEM et membre du conseil de gestion du Centre d'études amérindiennes de l'Université du Québec à Chicoutimi.

C'est elle qui permet, à l'intérieur de la culture et de la tradition, de trouver la force et l'énergie de construire l'univers spirituel et le milieu de vie amérindiens. C'est l'élément intégrateur qui donne un sens à tous les autres secteurs de la vie innue. Bien entendu, l'expérience religieuse ne saurait ignorer les autres dimensions de la vie autochtone comme l'aspect politique, social et économique, car la spiritualité accorde à l'être humain le pouvoir de gérer à bon escient la totalité de son univers par la force de la créativité et l'inventivité de l'esprit.

Au cours des années soixante-dix, les Amérindiens ont forcé la main des Affaires indiennes pour que soient transférés les programmes et les structures administratives jusque-là détenus par le gouvernement fédéral. Une fois ce transfert réalisé, les Amérindiens n'ont jamais pu s'approprier ces outils parce qu'ils étaient empreints d'une personnalisation gouvernementale, celle de la fragmentation des tâches. De ce fait, les nouveaux technocrates autochtones sont devenus prisonniers de leur secteur et des compartiments administratifs, sans pouvoir leur donner une impulsion créatrice qui corresponde à une option fondamentale de leur société. Certes, la prise en charge a démontré que les fonctionnaires autochtones avaient tout le loisir d'exercer leurs capacités techniques mais ils étaient néanmoins freinés dans leur ardeur par le contrôle indirect des structures gouvernementales. Il est vrai qu'on parle, dans un avenir rapproché, de décentraliser un budget global aux communautés amérindiennes, budget qui tienne compte d'un projet de société fondé sur les besoins réels et sur l'expression de l'originalité communautaire.

Après cette analyse sommaire, nous ne saurions ignorer cette affirmation publique faite en 1920 par Duncan Campbell Scott, alors surintendant général des Affaires indiennes : « L'objectif est de continuer jusqu'à ce qu'il n'y ait plus un seul Indien au Canada qui ne soit absorbé par notre politique, jusqu'à ce qu'il n'y ait plus d'Indiens et plus de problème indien. »

Déjà, en 1886, un interdit avait été émis concernant les cérémonies indiennes :

> Tout Sauvage ou autre personne qui participe à la célébration de la fête sauvage désignée sous le nom de « Potlache », ou à la danse désignée sous le nom de « Tamanawas » est coupable de délit et passible d'incarcération pendant un terme de six mois ou plus, deux mois ou moins, dans toute prison ou autre lieu de détention; et tout Sauvage ou autre personne qui encourage directement ou indirectement un Sauvage ou des Sauvages à organiser ou à célébrer cette fête ou cette danse, ou qui y prend part, est coupable du même délit et passible de la même peine. (47 Victoria, chap. 29, art. 3)

Cette loi ne rend pas justice à tout ce qui pouvait se passer lors de cette cérémonie. C'était un événement global comprenant diverses activités qui touchaient tous les secteurs de la vie, la célébrant dans sa totalité. Certes, on y dansait. Mais on y enseignait la tradition, la spiritualité et la philosophie ancestrale, tout en assurant la continuité culturelle. On y élisait également les chefs. Le prestige d'un chef, lors de cette cérémonie, se mesurait au don gratuit de ses biens et à une distribution équitable des ressources.

Cette cérémonie du potlatch, synthèse et célébration de la vie, ne pourrait trouver un meilleur écho que ce que l'on raconte dans les *Actes des Apôtres*. On trouve en effet dans l'esprit du potlatch d'étranges ressemblances avec ce qui est décrit de la vie des premières communautés chrétiennes : « Ils se montraient assidus à l'enseignement des apôtres, fidèles à la communion fraternelle, à la fraction du pain et aux prières. » (*Actes* 2, 42), et « Tous les croyants ensemble mettaient tout en commun : ils vendaient leurs propriétés et leurs biens et en partageaient le prix entre tous selon les besoins de chacun. » (*Actes* 2, 44-45)

La spiritualité amérindienne n'a pas de convention institutionnelle ni de corpus dogmatique. Elle ne vise pas à être apologétique pour convaincre mais invite à un cheminement et à un processus spirituel quotidien. Durant la fête amérindienne du potlatch comme dans celles de la première communauté chrétienne, nous sommes invités à célébrer la vie dans sa totalité, le « nœud dur » ou l'option première qui guide toutes nos situations contextuelles.

Dans la vision spirituelle autochtone, les univers surnaturel et naturel forment un tout. Le chasseur innu réalise quotidiennement des rituels sacramentels et mystiques pour respecter les exigences du grand pourvoyeur et le monde mythique des animaux.

La plus grande qualité de la spiritualité amérindienne c'est de mettre de l'avant une intimité maternelle entre nous et la terre. Cela suppose que nous soyions en gestation spirituelle sur cette matrice qu'est la terre. Il est en effet bizarre de retrouver dans le terme « écologie » le mot grec *oikos* qui veut dire « demeure », « maison ». La tente tremblante, la tente de la suerie, la pensée en spirale (conscience profonde) constituent des représentations de la terre à plus petite échelle. Parallèlement, le théologien Marc Girard de l'UQAC nous propose différentes manières de lire le livre d'Aggée.

Dans un contexte historique, nous savons déjà que le temple de Jérusalem est associé au temple qu'est le corps de Jésus de Nazareth. Le corps de chaque être humain est le temple du Saint Esprit, si l'on se situe dans une relecture écologique qui attribue à la planète Terre d'en être la demeure, le temple de tous les hommes. Il ne faut pas mésestimer toute l'idéologie écologiste qui prend de plus en plus sa place dans la revendication d'une meilleure qualité de vie et du respect dû à notre planète.

Mon souhait est de vous introduire dans un cadre de réflexion qui permette de mieux saisir le sens de la spiritualité plutôt que de vous présenter des certitudes. Le pasteur André Pery disait à ce propos : « Les hommes de notre temps ne veulent pas d'une vérité toute faite. Ce qu'ils attendent de nous, c'est que nous la cherchions avec eux. » (*Vermeil* 149, fév. 95, p. 9)

C'est dans cet esprit que le colloque innu de Sept-Îles a été pour moi une révélation, parce que les Montagnais y ont osé se dire leurs grandes vérités et se sont prononcés nettement en faveur de l'expression plus visible de la langue et de la culture à l'école. La volonté de cette assemblée était de rejoindre les anciens, les enseignants, les parents, les intervenants culturels et les spécialistes de la langue innue.

Le colloque de Sept-Îles, organisé par l'Institut culturel et éducatif montagnais, a été réussi parce que les participants se sont exprimés en langue innue durant les trois jours de délibération. Il n'y a pas eu d'invités spéciaux, de ministres ou de fonctionnaires pour nous faire part de leurs éternelles directives. Il ne faut pas leur en vouloir; bien souvent c'est nous qui invitons ces messieurs pour que nos discussions paraissent plus sérieuses.

L'organisation du colloque avait prévu quelques conférenciers innus à la table centrale. Toute notre planification s'est trouvée chambardée du fait que le nombre de conférenciers doublait, tout l'espace se trouvant occupé. Quand les Innus prennent leur propre espace, il faut s'attendre à ce que la parole devienne nourriture et partage spirituel pour tous les participants.

William Mark, un aîné d'Olamen, a précisé davantage ce que je veux dire lorsque je parle d'ambiance et de climat propice à une rencontre authentiquement innue. À la deuxième journée du colloque, William a fait un long discours sur la conception du temps extérieur et du temps intérieur. Ce matin-là, nous devions débuter la réunion à huit heures, mais ce ne fut pas le cas. William nous a rappelé ce manquement en nous replaçant face à notre intransigeance vis-à-vis de nos écoliers qui arrivent en retard. Après cette courte introduction, il nous a expliqué sa conception propre du temps « intériorisé ». « Le temps, dit-il en se frappant légèrement la poitrine, le temps est dans mon cœur. » Durant ses longs séjours en forêt, le vieil homme s'est mis au rythme de la nature. Pour lui le temps qui permet d'atteindre une dimension spirituelle n'est pas fragmenté mais global comme le cercle.

Thaddé André, Innu de Schefferville qui approche la cinquantaine, a fait un témoignage porteur des « nouveaux fruits » transmetteurs d'héritage spirituel à nos communautés innues. Thaddé avoue qu'il a eu beaucoup de difficulté à vivre dans le climat de la discontinuité culturelle et de la dépression anomique qui frappent plus particulièrement les jeunes et leurs familles. Il raconte qu'il s'est réfugié dans le grand temple de la nature pour faire le point sur sa vie. C'est là, nous a-t-il dit en innu, qu'il a retrouvé la « rondeur » et la globalité de son être. Maintenant, il peut parler avec une certaine assurance de la culture et de la spiritualité. Dans l'essentiel de son message, Thaddée affirme qu'il faut d'abord être une personne épanouie pour ensuite songer à sa mission envers les autres.

À la fin du colloque, j'ai demandé à une directrice d'école de Uashat-Maniutenam de conclure par un petit discours. Le texte qu'elle a écrit en innu dénote les difficultés de coexistence entre non-autochtones et Amérindiens.

J'en ai fait une traduction libre en français, ce qui dilue un peu la poésie du texte original en innu :

> À tous les non-autochtones qui ont choisi de travailler pour les jeunes Innus et pour leur communauté, je demande de ne pas tenter de me sauver. S'il arrivait que je sois sauvée, je veux participer à mon propre salut. N'essayez pas de changer mon esprit mais acceptez qu'on travaille ensemble. Partagez avec moi vos connaissances et vos savoirs et laissez-moi le temps de vous faire part de ce que je sais et de ce que je vis. Regardons-nous comme des égaux, sans l'ombre d'une supériorité ou d'une infériorité. Appréciez mon intelligence comme j'apprécie la vôtre. J'estime votre façon de vivre et je prends ce qui est bon de votre culture. Vous aussi, prenez ce qui vous paraît bon dans la façon de vivre des Innus. Je vous suis reconnaissante d'accepter qu'on travaille ensemble et surtout de travailler avec nous pour l'avenir des enfants innus. Venez et travaillons ensemble.

À cette étape de notre histoire, il est important d'inviter l'Église universelle à travailler avec nous pour construire ensemble une Église innue. D'une part, nos pasteurs non autochtones devront innover tout en s'éloignant de l'approche sécurisante de la paroisse. D'autre part, les autochtones devront se guérir de la crainte révérentielle qu'ils ont de leurs prêtres et exiger le meilleur service pastoral. Sans discréditer le dévouement de nos prêtres actuels, il faudra songer sérieusement à des pasteurs autochtones qui enseigneront l'Évangile avec toute la fidélité à leurs propres origines.

Pour tous les croyants innus, la présence du Christ occupe une place privilégiée dans leur culture et leur spiritualité. On suppose qu'il peut y avoir une rencontre fructueuse et une interaction entre la spiritualité amérindienne et le christianisme. L'action pastorale de l'Église devra porter dans ses préoccupations toutes les difficultés de vivre des Innus et, avec les autres instances des communautés amérindiennes, participer à trouver des solutions à la problématique sociale. Les autorités de l'Église doivent comprendre qu'elles ne seront efficaces dans leur travail pastoral que si elles s'engagent quotidiennement avec les Innus dans leur adaptation difficile aux situations nouvelles de la vie moderne. L'Église devra également se mettre à l'œuvre pour participer à la foi et au bonheur des Innus qui verraient leur culture, leur langue et toutes les dimensions de leur vie spirituelle valorisées.

Chez les autochtones, l'action pastorale de l'Église doit revenir à ce qu'elle était au tout début, avec des moyens bien simples. Le colloque des Innus de Sept-Îles m'a personnellement convaincu qu'il faut se donner des missions pour que la parole devienne nourriture de l'esprit. À la fin du colloque, tous les participants étaient prêts à accomplir les « prodiges » et les « signes » et à se mettre à l'œuvre en vue de la revitalisation de la culture et de la spiritualité. Lors de cette assemblée, j'ai suggéré que se constitue un groupe de conférenciers en grande mission itinérante pour propager la bonne nouvelle à toutes les communautés innues, facilitant ainsi les retrouvailles avec nos traditions. L'Église pourrait s'inspirer de ce modèle pour révéler la Bonne Nouvelle de l'Évangile.

Traditionnellement, c'est dans la chaleur humaine de la tente que se formaient de petites cellules de vie où régnait une convivialité simple. En s'inspirant de ce retour aux sources, l'Église doit visiter les Innus dans leurs maisons et rompre le pain avec eux. Sans diminuer l'importance des grandes assemblées ecclésiales, les pasteurs doivent sortir de leur presbytère pour célébrer l'Eucharistie dans les maisons. Comme me le disait si bien Dominique Moreau, un Innu de Betsiamites, « il faut avoir d'abord partagé nos expériences humaines pour ensuite les célébrer dans une fête eucharistique ».

Un passage des *Actes des Apôtres* m'a beaucoup inspiré pour confirmer cette affirmation : « Jour après jour, d'un seul cœur, ils fréquentaient assidûment le Temple et rompaient le pain dans leurs maisons, prenaient leur nourriture avec foi et simplicité de cœur. » (*Actes* 2, 46)

Scolarité, échec et décrochage scolaire en milieux amérindiens québécois

Roy Cheezo*

Dans un premier temps, puisqu'on parle souvent de ce qu'on voit d'une chose, j'aimerais souligner une réalité qui me paraît particulièrement importante, soit le décrochage ou la réussite scolaire, sociale, éducative...

Je viens partager avec vous ma réalité, laquelle n'est pas nécessairement la vôtre. Mon père me disait un jour : « Il y a trois types d'opinions dans la vie : ton opinion, celle des autres et la bonne. » J'avais quinze ans et je n'avais rien compris de cette phrase. C'est seulement trente ans plus tard que j'ai commencé à saisir ce qu'il voulait dire.

Je ne prétends pas avoir la bonne opinion, je ne prétends pas avoir la vôtre; tout ce que je vous présente aujourd'hui, c'est mon opinion.

En ce qui concerne l'apprentissage scolaire, j'aimerais d'abord faire un constat concernant la communauté algonquine du Lac Simon : cette année, vingt-six jeunes ont décroché au niveau secondaire. Dans la province de Québec, le taux d'abandon scolaire est à peu près équivalent. Par ailleurs, j'ai eu accès depuis 1972-73 à des informations qui m'ont permis de vérifier que le taux de réussite scolaire dans notre communauté se situe à 2 %. Parmi les deux cent dix-huit élèves admis à l'école Amik-Wiche depuis 1972-73, vingt seulement ont terminé avec succès leur secondaire.

Au début de mes recherches, un article du *Journal de Montréal* du 14 novembre 1991 avançait que, chaque fois qu'un étudiant avait au moins un an

---

* Roy Cheezo est conseiller en information scolaire et professionnelle au secondaire et au postsecondaire, pour la communauté algonquine du Lac Simon. Il est également membre du conseil pédagogique du Centre d'études amérindiennes à l'Université du Québec à Chicoutimi.

de retard dans son cheminement, il était susceptible de décrocher. Ce phénomène est encore plus vrai au premier cycle, et cela m'a amené à vérifier avec notre orthopédagogue, entre autres aptitudes, la facilité à tenir un crayon et l'habileté à la lecture, au premier cycle du primaire.

Au mois de janvier 1995, le Conseil en éducation du Lac Simon était officiellement reconnu et mandaté pour améliorer la qualité de l'enseignement dans la communauté. Ses représentants m'ont confié trois mandats, le premier étant de vérifier le taux de réussite scolaire, le second d'évaluer le taux de réussite éducative et le troisième, le taux de réussite sociale.

D'après le résultat d'une enquête réalisée en 1989 par le Canadian Conference Board of Education, de faibles capacités de lecture, d'écriture et de calcul coûteraient à l'entreprise canadienne l'équivalent de 4,2 milliards de dollars par an en termes de productivité, en erreurs humaines et en frais de formation additionnels.

Si on considère le profil québécois, les conséquences du décrochage scolaire touchent différents domaines de l'économie dont le revenu national, le manque à gagner du gouvernement en revenus fiscaux, l'accroissement de la demande en services sociaux (le B.S. dans notre communauté se situe à près de 80 %), la diminution de la productivité politique, l'augmentation de la criminalité, la réduction de la mobilité intergénérationnelle, l'accroissement des dépenses de la vie courante...

Facteurs et raisons qui occasionnent le décrochage scolaire

La formalité du décrochage cache le fait que le décrocheur se désintéresse de l'école longtemps avant que le fait devienne officiel. Il est cependant important de comprendre que, lorsque le jeune quitte l'école et y revient de façon répétée, c'est qu'il demande de l'aide, sans savoir comment formuler sa demande.

Les facteurs qui influencent le décrochage sont nombreux. Ce sont d'abord des facteurs socio-économiques comme l'origine sociale ou ethnique, la pauvreté, le chômage, l'assistance sociale, le sous-développement, la malnutrition et l'exclusion sociale. D'autres facteurs existent, mais je m'attarderai surtout à ceux qui touchent la communauté du Lac Simon.

Sur le plan familial, il faut considérer l'absence de valorisation de l'éducation académique et la faible performance en lecture, l'analphabétisme des parents, le manque d'encadrement, l'éclatement de la famille, la violence familiale, la distance physique, affective et familiale, la situation des familles monoparentales. Ainsi, il y a un problème très net lorsqu'un jeune dit : « Comment voulez-vous que je travaille chez moi quand il y a huit, dix, douze personnes, que la table n'est pas disponible et que je n'ai pas de chambre à moi, pour m'isoler et étudier? »

Sur le plan individuel, les facteurs de décrochage sont : les handicaps, les troubles d'apprentissage, le manque de motivation, la maladie, la maternité des jeunes adolescentes, le travail en dehors des heures de classe, l'absence d'estime et de confiance en soi, la difficulté de s'identifier, l'insuffisance de travail académique et d'étude, le manque d'intimité personnelle dû à l'exiguïté de l'espace physique.

Au niveau scolaire, les facteurs dont il faut tenir compte sont l'expérimentation des pratiques pédagogiques, les programmes, le système d'évaluation, le cheminement scolaire, les styles et les rythmes d'apprentissage, le climat de l'école, l'organisation scolaire, les valeurs véhiculées à l'école, le manque de méthode de travail et d'étude.

Le projet de réussite scolaire

Dans le but d'envisager des possibilités d'augmentation de la réussite scolaire, j'ai procédé à une vérification auprès des étudiants, des enseignants et des parents en utilisant la technique de groupe nominale. Une seule question a été posée aux gens : « Quels sont les facteurs qui favorisent la réussite scolaire? »

Selon les réponses obtenues, la liste maîtresse de ces facteurs serait la suivante, par ordre de priorité :

- un bon leadership
- des mesures disciplinaires bien définies et respectées par tous, même par les enseignants et les conseillers en éducation
- la collaboration du milieu familial, pour bien manger et bien dormir
- le respect entre professeurs et élèves
- le respect du matériel et de l'autorité
- la lutte contre la violence verbale et physique, le sexisme et le racisme.

Les réponses des élèves indiquent qu'ils veulent :

- un vêtement qui les identifie à l'école, leur permettant de développer un sentiment d'appartenance
- une cafétéria, un endroit plaisant où vivre
- l'augmentation des allocations aux étudiants
- des changements dans le système modulaire
- un réaménagement du décor de l'école
- des profs masculins au secondaire (l'image de l'autorité)
- l'ouverture de la bibliothèque en soirée.

Quant aux parents, ils prônent l'apprentissage culturel donné par des

Amérindiens.

À partir de ces données j'ai établi, en tant que conseiller en orientation, un programme qui s'appelle « Pisatet », ce qui veut dire ensoleillé. Je me suis inspiré de ce nom qui va chercher quatre objectifs primordiaux destinés à aider les jeunes à s'orienter :

- la connaissance de soi
- la connaissance du système scolaire québécois
- la connaissance des programmes gouvernementaux au provincial et au fédéral
- la connaissance du marché et du monde du travail.

La connaissance de soi implique une conception juste de soi, l'estime de soi, l'identification des intérêts, des valeurs, des préférences et aspirations personnelles, professionnelles et scolaires.

La connaissance du système scolaire inclut les régimes pédagogiques au primaire, au secondaire et au collégial. Je veux aussi souligner l'étude des deux principales orientations du secondaire : le régulier et le professionnel.

Quant aux programmes des deux paliers gouvernementaux, ils sont reliés à la formation, de même qu'à la création d'emplois et d'entreprises.

La connaissance du marché du travail comporte celle des employeurs et des entreprises, de même que les habiletés professionnelles et les méthodes de recherche de travail. Qu'est-ce qu'un CV? Comment se préparer à passer une entrevue? Qu'est-ce qu'un appel téléphonique d'affaires? Que fait-on avant de se présenter chez un employeur? Comment se renseigner sur les produits qu'il vend et sur le secteur économique concerné?

Le monde du travail comprend en outre les professions et les professionnels. Il est important de définir une place où l'on peut faire de la recherche d'emploi. Une fois le marché du travail identifié, il faut initier les jeunes aux méthodes de recherche d'emploi. Dans nos communautés, la majorité de nos étudiants n'a pas les habiletés nécessaires pour faire ce type de recherche. *Dans la stratégie de recherche d'emploi, il y a le quoi et le comment, sinon le pourquoi.*

Après quatre ans de présentation, le projet Pisatet a été accepté par le Conseil de l'éducation du Lac Simon.

L'appréhension des valeurs

Chaque jeune doit apprendre à définir et à identifier les valeurs primordiales chez tout être humain : l'amour, l'honnêteté, l'amitié, toutes ces valeurs qui sont présentes dans chaque individu et qu'il faut apprendre à développer.

Avant qu'une valeur soit complète, elle doit répondre à plusieurs critères : être d'abord un choix de l'individu conscient des conséquences de son choix; être observable dans les gestes quotidiens; donner naissance à une direction de l'existence. Une fois cette valeur intégrée, l'individu s'y attache, l'affirme publiquement et s'engage dans des activités qui en font la promotion. S'ensuit une forte interaction entre la vie personnelle et la vie professionnelle.

Notre vision des réalités est filtrée par nos valeurs et nos expériences de la vie. Avant de choisir une orientation, les étudiants doivent donc pouvoir identifier leurs valeurs, car à défaut de se connaître, il est difficile de faire des choix.

Conclusion

Le décrochage scolaire n'est pas un phénomène alarmant comme tel. Il s'agit d'en identifier les causes et les conséquences, d'aller au-devant du jeune qui laisse l'école et qui y revient, et même de celui qui décroche.

Pour s'être absentés de l'école à plusieurs reprises, des jeunes sont encore au secondaire à vingt ans. Il importe d'établir pour eux les formules d'apprentissage les plus adéquates, en tenant compte de leur âge et du niveau de connaissances acquises.

Contrer le décrochage scolaire est possible à partir d'un projet éducatif qui soit communautaire et implique la participation de tous : les professionnels de la santé et de l'éducation, la communauté, la police, les concierges, le conseil de bande au complet. Tous ces gens véhiculent des valeurs diversifiées, qu'il faut connaître et apprécier pour que s'établisse le respect.

base étaient le respect, la responsabilité, l'amour, la générosité et l'entraide.

Le respect était la valeur fondamentale qui englobait toutes les autres. Il se traduisait par une attitude qui portait l'humain à traiter l'univers avec de grands égards et faisait en sorte que rien ne puisse lui porter atteinte. Cette atti-tude était caractéristique des rapports des humains entre eux et de la forme d'adaptation avec l'écosystème.

La responsabilité se traduisait par une obligation et une nécessité de se considérer solidaire de tout ce qui avait trait à l'univers. Les besoins du groupe social avaient priorité sur le besoin individuel.

L'amour passait par un attachement intense des personnes entre elles et par une action de grâces devant les bienfaits de l'univers. Cette valeur conduisait à l'harmonie sociale de la communauté.

La générosité s'exprimait en actions de bienveillance et de désintéressement devant l'abondance de l'univers. C'est ici que se vivait le vrai sens du partage et de la coopération. On dit qu'il y a longtemps, chacun venait chercher sa subsistance vitale dans un pot commun.

L'entraide, qui signifiait soutien, se manifestait par des actions d'assistance et d'aide mutuelle entre les personnes. Sans cette valeur, la vie communautaire était impossible.

Ces valeurs étaient primordiales à l'équilibre harmonieux des êtres entre eux.

Les croyances spirituelles et la relation à la vie

La vie est un symbole, et chaque acte posé revêt une forme de spiritualité reliée au Grand Esprit.

L'univers, c'est-à-dire la terre-mère, le feu, l'air et l'eau, est un don reçu par l'humain faisant lui-même partie de cet univers qui assure sa survivance et celle de tous les êtres de la création. Cette survie nécessite une attitude de responsabilité, car on ne peut puiser à outrance dans la nature. Ce premier principe explique bien l'attitude respectueuse de l'humain face à l'univers. De là découlent les principes qui régissaient les relations de l'humain avec la nature et la base des rapports qu'entretenaient la femme et l'homme.

Ces rapports avaient la même connotation que le rapport culture-nature.

Le nomadisme, qui a jadis caractérisé notre peuple, n'aurait pas été possible sans la complémentarité des rôles et des fonctions de la femme et de l'homme. Au rythme des saisons, selon la mouvance du gibier, les Innus ont parcouru des territoires qui demeurent à tout jamais marqués par leur passage. Les sites de campement, les sentiers à travers les forêts, les voies d'eau se souviennent des naissances, des maladies, des réjouissances, des regroupements et des décès.

Relations de l'autochtone dans l'univers

Au même titre que tous les êtres vivants, la femme, l'homme et les enfants sont des dons. Il faut donc en prendre grand soin.

La recherche de vie harmonieuse des individus entre eux, en relation étroite avec la nature, était primordiale dans l'attitude de respect que l'individu avait avec l'univers afin de le préserver et ainsi perpétuer la vie. Vous comprendrez qu'il n'y avait aucune volonté de mâter, de s'approprier ou de dominer cet univers. Il en était ainsi des croyances qu'entretenaient la femme et l'homme, c'est-à-dire la foi en la nécessité d'une complémentarité dans leurs tâches, facteur essentiel, voire vital pour la communauté et la nation.

Relations entre les femmes et les hommes

En ces temps, les rôles de la femme et de l'homme étaient conçus comme un ensemble d'actions vitales et spirituelles leur permettant une très grande autonomie, sans aucune obligation subordonnée ou position dominante. Ces rôles étaient les bases de l'organisation sociale de la vie communautaire. Les individus s'aidaient mutuellement et ce principe de vie en société permettait à la collectivité de grandir. Les tâches s'exerçaient dans un esprit de coopération car les individus dépendaient les uns des autres.

L'homme avait des rôles et des fonctions précises; il en était de même pour la femme. Comme l'homme, la femme avait une personnalité propre et non dépendante. L'homme puisait dans la nature tout ce qu'il fallait pour assurer la survivance et en transmettre les savoirs. La femme transformait ces éléments et en assurait la connaissance chez ses enfants.

Tout ceci explique la complémentarité de leurs tâches et cette attitude d'égalité de l'un avec l'autre.

Le rôle fondamental de la femme

Le mot « Innu », dans sa traduction littéraire, signifie « Être humain », homme ou femme. Cet être fait partie de l'univers, don du Grand Esprit.

À l'instar de ceux de son conjoint, le savoir-être et le savoir-faire de la femme étaient dictés par la noblesse et le respect. Elle était l'égale de l'homme. Le respect dévolu à la femme et la relation d'égale à égal qui caractérisait les relations femme-homme puisaient toute leur signification dans les croyances de notre peuple.

La femme avait un rôle et des fonctions bien définis au sein de la communauté. Sa fonction la plus noble était sans aucun doute la préservation des individus. Cette fonction était alors très valorisée. Les Innus s'accordaient pour dire que la plus grande médecine était concentrée dans les règles de la femme. La femme transmutait la semence naturelle de l'homme en enfant à qui elle donnait une identité propre. La femme était porteuse de vie, elle était donc amour, douceur, respect, fermeté et sagesse.

Pendant sa grossesse, la femme canalisait et concentrait ses énergies en attitudes et en comportements propres à donner à sa société un nouvel être sain et fort tout en conservant sa propre vie. Elle était donc la gardienne du cercle de la vie car elle avait le bonheur de la porter en elle.

La femme était aussi considérée comme une personne de pouvoir et de connaissance. On peut parler ici de transmission d'une forme de pensée globale en regard de la culture de la communauté.

Outre son rôle de préservation de la vie, la femme avait la responsabilité d'améliorer la qualité de la vie communautaire. C'était à elle que revenait la transmission de la spiritualité et du sens sacré de la vie. Elle devait également s'assurer que des valeurs bien spécifiques, telles l'entraide, la coopération, la générosité, le sens des responsabilités et le courage, soient traduits en faits et gestes dans la vie communautaire. Conséquemment, la femme avait la responsabilité de transmettre la culture qui distinguait et rendait uniques les enfants de sa nation. C'était donc à elle que revenait le devoir de faire en sorte que les enfants soient partie intégrante d'un peuple distinct ayant ses caractéristiques propres. La mère, noyau de la cellule familiale, se chargeait de l'éducation des enfants à laquelle participait la communauté considérée comme famille élargie.

La mère avait la responsabilité de la famille. L'éducation des enfants était une expérience de vie donnée par la mère. L'assimilation et l'adaptation se faisaient par observation et expérimentation, maintes fois sous forme ludique. Ces enseignements étaient donnés à travers les événements de la vie tels que la naissance des enfants, leur croissance, l'engagement vis-à-vis des aînés(es), le vécu des familles à l'intérieur et à l'extérieur du cercle familial et la mort.

Les principes d'éducation étaient transmis par la femme en termes de savoirs et de connaissances et non pas en termes de pouvoir et de domination. C'était à elle que revenait le devoir de communiquer un vécu basé sur la croyance fondamentale que l'Innu fait partie de l'univers de façon indissociable et qu'il vit au rythme de la nature non pas en la combattant ou en essayant de la dominer, mais essentiellement en adoptant un comportement harmonieux avec l'environnement.

Le chaos social

À l'arrivée des hommes blancs, il y eut bouleversement et chaos social. Les causes de la rupture avec le passé furent la sédentarisation dans ce qu'on a appelé les réserves, le commerce des fourrures, l'avènement de l'école et l'aide sociale.

L'idéologie du temps voulait que l'autochtone fût civilisé grâce aux bons soins des missionnaires (la voix de Dieu était souvent la voix des hommes) et au régime des réserves où il apprendrait les bienfaits de la vie sédentaire. Par manque de compréhension, on introduisit des croyances qui créèrent un désordre dans l'échelle hiérarchique des valeurs autochtones.

La société occidentale formait des modèles de société très rigides et cristallisés, où les relations entre les femmes et les hommes étaient modifiées par des conceptions religieuses qui, à leur tour, influencèrent les idées et les comportements. Pour l'Européen de cette époque, le statut social était basé sur la différence des sexes. On pensait que les charges sociales incombaient à l'homme à cause de sa conformation physique et mentale.

Selon la civilisation européenne, c'était l'homme qui définissait la place de la femme dans la société. Il s'agissait de préparer les filles à leur mission familiale et de les rendre dignes de la conduite du foyer. On parlait d'une préparation intensément féminine et nettement orientée vers la vie familiale. Les centres d'intérêt vers lesquels toute la formation de la femme devait converger étaient l'époux et les enfants. On assista donc à une ségrégation et à une aristocratie des sexes.

La femme devait obéissance à l'homme et l'homme devait protection à la femme. La femme était considérée comme faisant partie d'un troupeau qui trimait dur du matin au soir dans un anonymat réconfortant. Elle était la propriété privée de l'homme.

C'est ainsi que furent introduites, au sein du peuple autochtone, des notions de dominance et de soumission. La femme autochtone a subi cette aliénation. Elle n'avait d'autre choix que de se plier à un rôle social nouveau et différent.

Chez l'homme, le commerce des fourrures détermina une nouvelle forme d'échanges basée sur la force productrice par rapport à la possession, alors qu'autrefois l'animal ne servait qu'à couvrir la nudité de l'être humain, à le réchauffer et à satisfaire sa faim.

Pour ce qui est de la femme, c'est l'école, dont la finalité était de donner l'enseignement des connaissances et des valeurs de la culture européenne, qui devint l'institution dispensatrice de son rôle d'éducatrice. L'éducation des enfants passait, par voie légale, sous la responsabilité des membres du clergé. On annulait par le fait même les droits exclusifs de la mère à son enfant. La femme était devenue dépendante d'un système étranger et inconnu.

L'école modifie également les rôles traditionnels. On assiste à une ségrégation sociale. Les écoles de filles éduquent aux tâches ménagères (lire Marie de l'Incarnation) et préparent à la vie au foyer. L'école de garçons existe pour l'élite, sous la responsabilité des Jésuites. Le sexisme crée un tort considérable et ébranle la société autochtone. C'est la désorganisation sociale.

De plus, au fil des années, l'histoire transmet une image dévalorisante des Amérindiens. On peut lire qu'ils sont primitifs, sauvages, barbares, sales, pouilleux, etc. Désormais, les Amérindiens sont coupés de la nature, parqués dans des réserves, bafoués dans leur spiritualité, et ils subissent l'affront d'être rejetés dans les traits qui les distinguent. Les rôles de la femme et de l'homme sont bouleversés.

On assiste donc à un processus de changement profond et quasi global. Ces changements provoquent une situation que l'on peut qualifier d'aliénation traumatique.

La femme autochtone résistera longtemps à la civilisation et à l'évangélisation car cela signifiera pour elle le déclin de son statut social, l'obligation d'adopter la morale chrétienne et le détachement des rites spirituels de sa propre religion.

Savait-on alors que la mère transmettait la langue maternelle et guidait les divers apprentissages de la vie dans le grand livre de la nature? Et surtout, s'est-on préoccupé de comprendre que ces savoirs et ces connaissances étaient une question de survivance pour le peuple autochtone?

Un retour aux sources

De nos jours, le déséquilibre affecte tous les paliers de notre société. Notre combat social fait partie de la lutte éternelle des défavorisés contre les privilégiés du même système.

On a écrit que les Indiens continuaient de vivre au jour le jour et semblaient incapables d'élaborer un projet d'avenir global pour leur communauté. Aujourd'hui, le souhait est que les hommes et les femmes se respectent et collaborent ensemble à l'amélioration des conditions de la société autochtone.

L'évolution de la société autochtone se manifeste par un changement de la perception du rôle de la femme au sein de sa communauté et par une modification d'attitude en regard des fonctions qu'elle occupe aujourd'hui. La femme autochtone doit contribuer à établir notre société sur des bases de justice. Elle a eu le temps de réfléchir et de repenser son rôle en le percevant à la dimension de la société en transformation.

L'émergence de solutions pour la réorganisation de notre monde ne peut venir que de l'intérieur, c'est-à-dire de nous-mêmes.

Le rôle de la femme dans l'évolution de la société autochtone

*Marcelline Picard-Kanapé**

Avant de débuter, je tiens à saluer toute l'assistance, et spécialement les leaders des communautés et les autochtones présents.

Ni mishta milueliten ute etaiek^{u}. Tshi nishkumitinau kie tshi mishta pushukatinau.

Je tiens également à remercier les organisateurs et organisatrices du Congrès pour l'opportunité qu'ils nous donnent de partager avec vous un sujet qui nous tient énormément à cœur.

Ma présentation traite de l'évolution de la femme dans la société autochtone. Il m'est ainsi possible de vous faire connaître ma perception et ma vision du rôle passé, présent et futur de la femme ilnue (montagnaise).

D'égale de l'homme qu'elle était, la femme a été réduite, avec la sédentarisation et surtout par la loi des arrivants, à une sorte d'esclavage domestique dont le seul rôle valorisant était la procréation. Durant cette période, elle a passé par toutes sortes de sentiments et d'états d'âme : de l'étonnement à l'incompréhension, de l'indifférence à la révolte et, enfin, à une sorte de résignation, pour parvenir à l'acceptation de son statut, dans l'espoir de mieux s'en sortir.

Il faut dire que, pendant plusieurs années, il y eut des tractations, des manigances de part et d'autre pour rendre les autochtones semblables aux hommes blancs qui se considéraient comme des conquérants et des sauveurs. Du temps et des énergies incroyables ont été dépensés par les autochtones

---

* Marcelline Picard-Kanapé est montagnaise et chef de la communauté de Betsiamites.

son cheminement, nécessitant des cours de rattrapage pour plusieurs mois, voire plusieurs années avant d'espérer reprendre les premières places au classement.

Cela demandait du courage et de la persévérance. C'était la principale raison de l'abandon des études pour plusieurs.

Et puis il y avait le retour au foyer pour les vacances, celles de l'été surtout. Au contact des Blancs, la jeune fille avait acquis une façon différente de voir les choses. Elle s'était imprégnée de l'autre culture, sentant que c'était nécessaire pour survivre dans un milieu qui lui apparaissait hostile. Elle avait adopté quelques coutumes des Blancs : habillement, expressions, habitudes... Le but visé par les autorités était justement l'assimilation; mais ces dernières n'avaient pas compris la force, l'enracinement de la culture initiale qui, tôt ou tard, revient à la surface.

À mesure qu'avançait sa formation académique, la jeune Amérindienne devenait de plus en plus étrangère dans sa communauté car là aussi la vie continuait avec ses changements. Avec comme résultat qu'à la fin des études, c'est une nouvelle personne qui revenait travailler dans la communauté. Ses méthodes, ses façons de faire étaient plus apparentées à celles des Blancs qu'à celles des autochtones. Elle avait autant de difficulté à se réintégrer dans son milieu qu'elle en avait eu à se faire accepter par ses compagnes de classe et parfois par les dirigeantes du couvent. Il était pourtant indispensable qu'elle acquière à nouveau la crédibilité nécessaire à son travail et à son action communautaire.

Grâce à la ténacité de ces pionnières du début, la porte s'est ouverte par la suite à ceux et celles qui le désirent.

La vie communautaire moderne et la femme

Aujourd'hui, quelle que soit la communauté que nous observons, il y a des femmes dans tous les domaines. Bien sûr, elles sont plus nombreuses en éducation, dans le domaine de la santé et comme intervenantes sociales. Mais de plus en plus, elles prennent leur place dans les secteurs autrefois dévolus uniquement aux hommes. Elles deviennent coordonnatrices en habitation, directrices de secteur, directrices des finances, directrices générales du Conseil, agentes de la Sécurité publique et même chefs. C'est un changement qui en dit long sur le cheminement de l'ensemble des peuples autochtones.

Ce changement des mentalités prouve que les autochtones reviennent à leurs sources : valoriser les forces et les canaliser pour le mieux-être de chacun dans la communauté et savoir reconnaître les éléments qui peuvent aider. Il ne faut pas seulement tabler sur le pouvoir.

La femme et le pouvoir

En acceptant de jouer des rôles clés au sein de sa population, la femme doit composer par le fait même avec les mécanismes qui y sont rattachés. Elle comprend que pour changer, ou plutôt réveiller la société, elle doit faire plus que son devoir. Elle doit lutter pour ses convictions et utiliser le pouvoir.

C'est un fait assez nouveau au Québec! Et comme dans toute autre société, on demande à la femme occupant une fonction professionnelle d'être plus performante, mieux préparée, plus compétente en tout et même plus résistante que son homologue masculin.

La femme pivot de la société

Notre société moderne autochtone a encore une longue route à franchir pour satisfaire ses aspirations. Il faut qu'elle retrouve son « humanité » d'antan et son autonomie.

La femme a toujours été le pivot de la société autochtone. Elle a maintenant le pouvoir de faire changer les choses. Rappelons-nous la loi C-31, dans les années quatre-vingt : les femmes, par leur lutte et leur persévérance et par le regroupement de leurs forces, ont réussi à faire abolir une loi qui les discriminait de même que leurs enfants, lors d'un mariage interracial. Par leur engagement toujours plus grand et par leur combativité, les femmes sont en train de changer les mentalités, amenant ainsi le peuple amérindien à reconquérir la fierté qui le caractérisait autrefois.

La fierté, c'est la route la plus sûre vers l'autonomie, vers la satisfaction de soi, vers le bonheur auquel aspire tout être humain.

La femme et l'avenir

Que nous réserve l'avenir? Personne ne peut le dire. J'entrevois cependant de l'amélioration dans notre société. La route est tracée, il s'agit de la suivre.

Nos jeunes sont de plus en plus engagés dans leurs études et sont plus nombreux à s'y adonner. Cependant, ils ont besoin de modèles. On se rend compte chaque jour que les jeunes sont mal dans leur peau. Il y a beaucoup de souffrances et de suicides. Pour eux, il n'est pas évident qu'être autochtone soit une position très valorisante. Il faut que les leaders leur démontrent que la réussite est possible, quelle que soit la race ou la couleur des personnes, et qu'avec de la volonté et du courage, les barrières tombent.

Il convient aussi de valoriser nos modèles. Il y en a dans toutes les communautés. Il faut que les jeunes autochtones réalisent que la réussite est un acquis positif et non une tare : trop souvent, nos modèles de réussite sont étiquetés comme des traîtres ou des agitateurs publics. Plusieurs ont encore peur des gens qui réussissent. J'ai déjà entendu cette phrase : « Cette personne a fait des études, elle a travaillé à l'extérieur, pourquoi veut-elle revenir dans sa communauté maintenant? » Cela fait mal, car ces personnes participent sans le savoir à exaspérer les bonnes volontés et à décourager les jeunes.

Malheureusement, comme dans toute société, nous avons aussi des gens qui sapent les efforts entrepris pour développer la communauté ou pour offrir des services meilleurs à la population. Qu'importe leurs motivations, ils font énormément de torts, ne serait-ce qu'en ne reconnaissant pas la contribution et la volonté des autres pour améliorer le sort et les conditions de vie de la collectivité.

Conclusion

Voilà mes perceptions face à l'évolution de la femme dans la société autochtone. Il n'est pas facile de séparer les rôles de la femme et de l'homme car ils composent l'un et l'autre les éléments premiers de notre société.

Une société qui veut se prendre en main ne doit pas avoir peur de s'interroger et de répondre avec franchise aux questions qui se posent. La société de demain vaut la peine qu'on dérange un peu celle d'aujourd'hui. C'est la façon la plus sincère et la plus directe que je connaisse pour offrir une vie saine et équilibrée à nos enfants et à nos petits-enfants.

Lorsque nous aurons retrouvé notre fierté d'autrefois, que chacun et chacune aura pris sa place parmi les siens, c'est alors que nous pourrons reprendre la route de l'autonomie vers la satisfaction de soi, vers le bonheur auquel aspire tout être humain.

Tshi nashkumitinau!

Merci!

Quatrième partie
Santé physique et mentale

Les incidences de la maladie sur l'évolution des sociétés autochtones

Stanley Vollant*

Le but de ma présentation est de vous renseigner sur les principales différences et caractéristiques des pathologies observées chez les Amérindiens et, par la suite, de dégager les lignes de conduites concernant les plans de traitement et de prévention.

En guise d'introduction, mentionnons que la prévalence des pathologies entre Indiens et non-Indiens est très différente. Le taux de mortalité est supérieur chez les autochtones, où il est de deux à quatre fois plus élevé que dans la population canadienne non autochtone.

L'espérance de vie chez les autochtones est beaucoup plus courte que chez les Blancs : en moyenne, on peut dire qu'elle est inférieure d'environ dix ans à celle de l'ensemble de la population canadienne, et ce, malgré l'amélioration réalisée dans les dernières années grâce aux nouvelles technologies médicales. Selon les statistiques, l'Amérindien de sexe mâle a une espérance de vie moyenne d'environ 62,4 années, contre 79,9 années pour les non-autochtones. Chez la femme autochtone, l'espérance de vie moyenne est de 68 ans contre 79 ans pour la population féminine non autochtone.

Les principales causes de mortalité et de morbidité en milieu autochtone sont les maladies cardiaques, qui sont en progression constante, et les morts

---

* Stanley Vollant est montagnais. Il est médecin-chirurgien au Centre hospitalier régional de Baie-Comeau.

violentes, qui sont la cause majeure des décès dans nos communautés. Le cancer y est en nette progression; le diabète est également une cause très importante de décès ainsi que la mortalité infantile, laquelle, heureusement, diminue d'année en année.

Prévalence des pathologies médico-chirurgicales

Il existe une nette différence de prévalence des pathologies médico-chirurgicales en milieu autochtone et en millieu non autochtone.

Les principales pathologies détectées chez les autochtones sont, entre autres, *les maladies coronariennes,* responsables de la majorité des décès dans certaines communautés. Les principales raisons de cette progression de la maladie sont le tabagisme qui est très élevé, de même qu'une diète mal équilibrée et riche en graisses, la sédentarisation des communautés et l'augmentation des cas d'obésité résultant de ces derniers facteurs.

Le diabète

Des statistiques récentes nous permettent d'affirmer que le taux de diabète chez les autochtones est de 12 à 20 % (chiffres très conservateurs) contre 9 à 16 % dans les communautés non autochtones. Le diabète est un phénomène qui augmente graduellement, d'année en année, dans les communautés amérindiennes. Il s'agit généralement d'un diabète qu'on appelle non insulino dépendant (DBNID) de type IIb, surtout associé à l'obésité.

La mortalité ainsi que la morbidité associées à la maladie sont reliées aux infections causées par le diabète, par les maladies coronariennes qui y sont associées et par l'insuffisance rénale qui se développe de façon terminale et nécessite de la dialyse.

Dues le plus souvent à une mauvaise hygiène des pieds qui provoque des infections incurables chez les diabétiques, les amputations des membres inférieurs sont une cause importante de morbidité chez les patients atteints de cette maladie. Ces amputations sont responsables d'un taux de mortalité de 40 à 50 % chez les patients diabétiques et coronariens, d'où l'importance extrême, pour ce groupe de patients, d'avoir une bonne hygiène des pieds.

Les maladies respiratoires

Parmi les principales maladies respiratoires diagnostiquées dans les communautés amérindiennes, la tuberculose était autrefois la cause principale de décès. Elle y est heureusement devenue un peu moins fréquente. Malgré l'évolution régressive de cette maladie chez les Inuits et les Indiens entre les années 1960 et 1980, ce taux demeure encore deux à trois fois plus élevé chez les autochtones que dans les populations canadiennes non autochtones.

Les maladies pulmonaires obstructives chroniques comme la bronchite, l'emphysème ou la bronchectasie sont très fréquentes ainsi que, secondairement, les séquelles de la tuberculose et le tabagisme, qui est très important dans nos villages.

Les autres infections respiratoires, telle l'otite à répétition, sont un phénomène grandissant chez les jeunes, surtout dans les communautés situées plus au nord. Ceci est probablement relié à une anatomie différente chez les autochtones dont la trompe d'Eustache est beaucoup plus horizontale que chez les non-autochtones, ce qui favorise une prolifération de bactéries dans l'oreille moyenne. Des études récentes ont cependant démontré l'effet protecteur de l'allaitement, les bébés allaités ayant moins de problèmes d'otites. Des études complémentaires à ce sujet sont encore à effectuer.

L'obésité

Environ 35 % à 60 % des communautés autochtones sont affectées par l'obésité, contre 18 à 35 % dans les communautés non autochtones. Cette pathologie est un facteur de comorbidité très important et cause des problèmes sur les plans coronarien et diabétique. L'obésité est également susceptible d'augmenter le cancer dans nos populations.

Certaines hypothèses génétiques soulevées par des chercheurs américains ayant fait des recherches auprès des Indiens pimas de l'Arizona nous permettent de soupçonner l'existence d'un gène de sélection naturelle qui aurait permis aux Indiens d'emmagasiner des graisses plus rapidement afin de traverser plus aisément les périodes de famine. Les changements de mode de vie et d'alimentation couplés avec ce facteur génétique seraient responsables de cas d'obésité beaucoup plus fréquents dans nos populations.

Pathologies de la vésicule biliaire

Les pathologies de la vésicule biliaire sont très élevées chez les autochtones. Chez les Pimas (qui sont sans doute le groupe autochtone le plus malade en Amérique du Nord), 35 à 70 % de la population, dont 9 % de cas asymptomatiques, développe une maladie de la vésicule biliaire nécessitant une chirurgie, contre 12 à 18 % de la population en général. Pour l'ensemble des nations autochtones, le taux de maladies de la vésicule biliaire est en général très élevé et les complications de type infectieux ou de cancérisation y sont beaucoup plus fréquentes que chez les non-autochtones.

L'alcoolisme

Une pathologie trop souvent rencontrée dans nos milieux autochtones concerne l'alcoolisme. La proportion de patients alcooliques y est en général de deux à cinq fois plus élevée que dans la population canadienne, sauf pour la population non autochtone à faible revenu, où le taux d'alcoolisme est relativement équivalent. Des études plus approfondies nous permettraient de savoir si le problème d'alcoolisme chez les autochtones est davantage relié à des problèmes à caractère social ou génétique.

L'alcoolisme comporte un facteur de comorbidité très important. Il entraîne la cirrhose hépatique et des hémorragies digestives, soit par varices œsophagiennes ou par maladies ulcéreuses. Il est également responsable d'un phénomène de violence familiale plus élevée que dans la population en général, ainsi que des accidents violents de type suicidaire et des accidents d'automobiles ou de véhicules tout terrain.

La dépendance aux drogues

Comme pour l'alcool, nous disposons encore de peu de données dans ce domaine. Cependant, le phénomène prend de plus en plus d'importance dans nos communautés et il faudra éventuellement s'attaquer à ce problème.

Les maladies transmises sexuellement

Le même phénomène se produit pour les maladies transmises sexuellement, bien que nous ne disposions encore que de peu d'information concernant leur prévalence dans nos populations. Cependant, quelques études effectuées auprès des nations indiennes du bassin de la baie d'Hudson et de la baie James ont démontré un taux d'incidence de trichomonas et de gardnerella plus élevé. S'agirait-il d'habitudes sexuelles inchangées ou d'un manque d'information, nul ne le sait encore.

Pour ce qui est du virus d'immuno-déficience humaine, les autochtones se situent à 0,1 % de tous les cas, comparé à 1 % de la population en général. Cette proportion constitue sans doute une sous-estimation du véritable problème des VIH chez les autochtones.

Les maladies infectieuses

Les maladies infectieuses ont diminué de façon importante dans les populations autochtones depuis que les programmes de vaccination ont été établis dans les communautés.

Une forme spéciale de maladie infectieuse appelée kyste hydatique est cependant détectée plus particulièrement chez les autochtones, dû à leur mode de vie. Il s'agit d'une maladie parasitaire causée par l'*Ecchinococcus granulosus* de type *Americansis.* Il existe une forme européenne pastorale de type hépatique dans le bassin méditerranéen, plus virulente que pour la forme nord-américaine, de type sylvatique, dont l'atteinte pulmonaire mérite néanmoins notre attention.

Le site de cette maladie est le caribou et l'orignal, de même que le chien qui mange les viscères de caribou et d'orignal, et les enfants qui jouent avec les chiens et sont contaminés par les excréments de ces animaux. Le parasite se loge dans la circulation sanguine, au niveau des poumons ou du foie, et il est susceptible d'atteindre par la suite tous les organes.

Les ulcères

Les ulcères de l'estomac et du système œsophagien sont, d'après une constatation personnelle de ma pratique, des maladies très importantes en milieu autochtone. Cependant, aucune étude dans la littérature ne parle de ce problème. Ces pathologies seraient associées au tabagisme, à l'alcool, à l'obésité et à la diète grasse. Elles dégagent un profil que l'on rencontre fréquemment chez les autochtones. Des études seraient utiles pour déterminer leur incidence et agir sur ces pathologies.

Pathologies ano-rectales

Dans 50 % des cas, les pathologies ano-rectales sont reliées à la constipation et aux maladies hémorroïdaires. D'après ce que j'ai pu constater dans mon village, ces pathologies sont dues à une diète pauvre en fibres et riche en graisses. Aucune étude mondiale ne démontre l'incidence du problème, qui serait relativement facile à résoudre et à prévenir.

Les causes de décès

Le cancer

Les causes de mortalité dues au cancer sont moins fréquentes en milieu autochtone qu'en milieu non autochtone, cependant on assiste à une augmentation des décès par cancer dans nos communautés. Les cancers les plus fréquents chez les autochtones sont ceux de la vésicule biliaire, à cause de l'incidence plus importante des maladies de la vésicule, les cancers du rein et du col utérin et le cancer de l'estomac, relié au tabagisme. Un point d'interrogation se pose en ce qui concerne le cancer du poumon qui serait moins important chez les autochtones que dans la population en général.

Parmi les cancers les moins fréquents, on note le cancer du sein pourtant de plus en plus relié à l'obésité, les cancers de l'utérus, des ovaires, de la prostate, du colon et du rectum et les pathologies de type leucémie et lymphome.

Par contre, le cancer du col utérin est deux à trois fois plus élevé que dans la population en général, et la mortalité due à ce type de cancer est plus élevée. On ne peut cependant mettre en évidence une cause spécifique de cette augmentation de mortalité et d'incidence, mais on croit que les pratiques sexuelles en bas âge, les partenaires multiples, les condoms mal utilisés ainsi que l'effet de l'alcool sur les pratiques sexuelles en seraient en partie responsables. Cependant, nul n'a pu mettre en évidence une cause particulière. Le dépistage, qui s'avère plus efficace depuis quelque temps, pourrait aider à diminuer le taux de décès dû à ce type de cancer.

Pour ce qui a trait au cancer de la vésicule biliaire, on constate qu'il est deux à quatre fois plus élevé que dans la population canadienne et il est le plus souvent associé à la présence de calculs : lorsqu'on a des pierres au foie, il y a plus de risques de développer un cancer de la vésicule, et c'est encore plus risqué chez les autochtones. De plus, la grosseur du calcul aurait un effet sur le développement du cancer. La majorité des gens atteints de ce cancer décède dans l'année qui suit le diagnostic.

Les maladies congénitales et métaboliques

Les causes de maladies congénitales et métaboliques ont été étudiées dans les populations ojibwas et cries, où l'on a trouvé un taux de maladies congénitales métaboliques de deux à quatre fois plus élevées qu'ailleurs, surtout une acidose lactique congénitale, qui est une maladie mortelle. La plupart des jeunes qui en sont atteints ne se rendent pas jusqu'à l'âge de cinq ans.

La paratulémie primitive de type I ou II est un autre type de maladie congénitale, qui cause très rapidement chez les enfants des calculs aux reins susceptibles d'entraîner une insuffisance rénale nécessitant une dialyse.

La mortalité infantile

Depuis les années soixante, la mortalité infantile est en nette régression dans les milieux amérindien et inuit. Cependant, elle demeure deux à trois fois plus élevée que dans la population en général sans qu'on ait pu en identifier les raisons, car la vaccination touche à peu près tous les Indiens et Inuits.

Parmi les causes les plus fréquentes de décès chez les enfants, on identifie surtout les causes accidentelles dues aux brûlures et les accidents de circulation.

Les morts violentes

Les morts violentes sont un phénomène très fréquent dans les communautés, qu'il s'agisse de suicides ou d'accidents.

Le taux de suicide est de trois à quatre fois plus élevé que dans la population canadienne, et de six à sept fois plus élevé dans le groupe des 15 à 24 ans. C'est un phénomène qui, depuis quelque temps, augmente chaque année. Les facteurs qui y sont associés dans la plupart des cas sont la violence familiale, l'alcool, la drogue et le contexte socio-économique.

Entre 1960 et 1982, le taux de décès dus à des causes traumatiques ou à des empoisonnements, incluant les suicides, s'est avéré quatre à cinq fois plus élevé chez les Indiens et les Inuits que dans la population canadienne en général.

Les principales causes de décès accidentels sont les accidents causés par des véhicules motorisés (automobiles ou véhicules tout terrain), les brûlures, surtout chez les enfants dans les populations plus au nord, les noyades dues en partie au mode de vie nomade (les gens vont encore sur l'eau sans se munir de ceintures de sauvetage). Le taux de noyade chez les autochtones est quatre à cinq fois plus élevé que dans la population canadienne. Les décès accidentels dus aux armes à feu sont aussi vraiment très nombreux : le taux est de quinze à vingt fois plus élevé que dans la population canadienne (statistiques de 1976).

Conclusion : plans d'action et prévention

Il est donc possible d'affirmer que, dans la pathologie médicale, les facteurs de comorbidité distinctifs au milieu autochtone sont la haute incidence de diabète, l'obésité, le tabagisme, l'alcoolisme, les maladies hépato-biliaires, les morts violentes, soit accidentelles soit par suicide, et un haut taux de mortalité infantile.

C'est en connaissant mieux les pathologies des autochtones que nous pourrons établir des plans d'action et des modes de traitement et de prévention adaptés à nos réalités :

- un programme d'éducation en diététique aux niveaux scolaire et communautaire aiderait à prévenir les problèmes d'obésité et les maladies coronariennes;
- la prévention du tabagisme pourrait diminuer la nette progression des maladies coronariennes, de même que celle des cancers du poumon et de l'estomac;
- des programmes d'aide et de prévention de l'alcoolisme et des narcomanies sont nécessaires dans nos communautés;
- un meilleur encadrement des diabétiques, en clinique multidisciplinaire, avec des infirmières et des médecins intéressés à cette maladie, des diététiciennes et des spécialistes de l'hygiène des pieds, aiderait à diminuer le taux de morbidité et les complications reliées au diabète;

- des ressources individualisées, telles que les services d'écoute, devraient être organisées pour les personnes en difficulté, surtout dans le domaine de la prévention du suicide;
- des mesures de prévention des accidents pourraient être mises en place, comme le port du gilet de sauvetage, auquel il faudrait sensibiliser nos populations;
- considérant le pourcentage de décès et blessures causés par des brûlures, un programme d'éducation à la prévention des incendies devrait être mis sur pied;
- des cours de maniement d'armes à feu devraient être donnés, malgré la réticence rencontrée dans nos populations. Étant donné le haut taux de mortalité dû aux armes à feu, il est vraiment important de sensibiliser les jeunes à cet égard. Les armes laissées à la portée de tous et sans surveillance rendent d'autant plus nécessaire ce travail de sensibilisation.

Enfin, le plus important est de responsabibliser les autochtones face à leur santé physique et mentale, car, encore aujourd'hui, l'autochtone ne se sent pas responsable de sa santé physique et préfère confier cette responsabilité aux professionnels de la santé.

Le diabète chez les autochtones

Johanne Philippe*

Le diabète est un problème majeur chez les autochtones. Il entraîne éventuellement des complications sérieuses, qui peuvent être aiguës ou chroniques. Les complications chroniques sont sérieuses et irréversibles; elles s'attaquent aux yeux, aux reins, aux artères, au cœur et au système nerveux.

Principales définitions

J'aimerais d'abord donner plusieurs définitions du diabète : la définition de l'endocrinologue, du sociologue, de l'épidémiologiste et de l'éducateur.

Une première définition, propre au milieu médical, présente le diabète comme une maladie chronique caractérisée par une élévation anormale de sucre ou de glucose dans le sang. Cette élévation est due à une insuffisance relative ou absolue en insuline, ou à un défaut d'action de l'insuline, cette dernière étant mal gérée par les cellules du pancréas. Cette résistance à l'insuline se retrouve le plus souvent dans le diabète de type II.

Selon la deuxième définition, qu'on retrouve surtout chez les sociologues, le diabète est une condition moins fréquente chez les jeunes que chez les adultes d'âge moyen, et elle augmente en incidence avec l'âge jusqu'à atteindre une proportion d'un cas sur quatre chez les personnes âgées.

La troisième définition m'intéresse particulièrement à cause de sa très grande importance dans les communautés. C'est la définition épidémiologique, qui définit le diabète comme une cause majeure de morbidité et comme une maladie qui affecte la qualité de vie et est responsable d'hospitalisations et de problèmes médicaux reliés aux complications qu'elle provoque, tout en entraînant des coûts importants.

---

* Johanne Philippe est montagnaise et elle pratique la médecine dans la communauté de Mashteuiatsh.

Le diabète est la principale cause de décès associée à la cécité, à la gangrène et aux amputations. Cette maladie représente la septième cause de mortalité au Canada et aux États-Unis. Elle est de plus associée aux maladies cardiovasculaires qui sont les premières causes de décès sur le continent nord-américain.

Depuis 1940, la prévalence du diabète et de ses complications a augmenté considérablement chez les autochtones d'Amérique du Nord. Au Canada, les taux de diabète dans les populations autochtones varient de 5 à 20 %. On y retrouve même des taux alarmants de 20 à 40 %, ce qui est presque un pourcentage d'épidémie. Une étude effectuée dans une communauté de l'Alberta a démontré que les complications du diabète apparaissaient plus tôt et étaient plus sévères chez les autochtones que dans le reste de la population. On se demande si des facteurs génétiques seraient liés à cette condition.

Près de 50 % des gens atteints ignorent qu'ils ont la maladie, car elle peut demeurer asymptomatique pendant plusieurs années.

Selon la quatrième définition, qui est celle des éducateurs, le diabète constitue une opportunité de développer des programmes d'éducation complets dans les communautés. Environ cinquante pour cent (50 %) des cas de diabète de type II pourraient être évités, ou du moins prévenus ou retardés, par des changements de comportement.

Chez les autochtones, le diabète est un symptôme des changements du mode de vie et d'une difficulté à gérer organiquement ce changement. On croit que l'organisme amérindien aurait des difficultés à s'adapter à un nouveau mode d'alimentation et de sédentarisation. Un article paru dans l'*Omnipraticien* du 18 mai 1994, « Épidémie chez les Amérindiens », mentionnait l'existence de propriétés génétiques protégeant les Amérindiens contre la famine et assurant leur survie au niveau des graisses. Autrement dit, on retrouve chez les descendants des Paléo-Amérindiens un génotype adapté à un environnement pauvre en aliments; ce génotype peut provoquer l'apparition du DSNID (diabète de type II) dans un milieu d'abondance, en plus de provoquer une résistance à l'insuline.

Types de diabète

Il y a donc deux types de diabète : celui de type I, qu'on retrouve chez 10 % de la population en général, et le diabète de type II, qui représente 90 % des cas de diabète chez les autochtones.

Dans les cas de type I, la cellule du pancréas est détruite, et la personne a besoin d'insuline pour survivre. La destruction s'effectue par une réaction immunitaire ou inflammatoire. Des anticorps peuvent se développer contre les cellules du pancréas, et la cellule est alors détruite et ne peut plus fabriquer l'insuline, qui est l'hormone responsable de l'équilibre du sucre dans le sang et qui permet au sucre d'être utilisé adéquatement par les muscles et le foie.

Pour ce qui est du diabète de type II, il faut distinguer le type non obèse et le type obèse, lequel comprend 80 % des diabètes de type II. Il est non insulino-dépendant, car le patient ne dépend pas de l'insuline pour survivre sauf dans certains cas, lorsque les médicaments ne fonctionnent plus.

Dans le diabète de type II, les complications surviennent plus précocement quand le taux de glycémie reste élevé pendant de longues périodes, et cela même lorsqu'il y a absence de symptômes. Un des objectifs du traitement est donc de maintenir un taux normal de glycémie de manière assez stable. L'absence d'indice de la maladie rend les patients moins ouverts face à la nécessité d'un traitement, mais la maladie est sournoise et les complications surviennent sans avertissement. Il faut donc être des chasseurs bien avertis pour attaquer la maladie.

Le diabète peut être asymptomatique pendant de longues années. Il apparaît surtout après quarante ans, mais on constate de plus en plus de cas chez les jeunes. En effet, de plus en plus d'adolescents sont affectés par le diabète. On retrouve fréquemment chez ces jeunes une histoire familiale positive dans la fratrie : souvent, tous les frères et sœurs sont affectés, et c'est dans ces familles qu'on retrouve le plus de diabète de type II chez les jeunes.

Le traitement le plus approprié dans tous les cas est la diète et la perte de poids, car en plus de l'usage de médicaments de contrôle, la personne doit maintenir un poids santé et acquérir des habitudes alimentaires saines.

Les études démontrent que les personnes obèses sont plus à risque que les autres, dans une proportion de 80 %, pour le diabète de type II. Mais l'obésité n'est pas le seul facteur : il y a aussi l'histoire familiale de diabète, le vieillissement (l'incidence augmente avec l'âge) et la grossesse (qui augmente la possibilité d'un diabète permanent), de même que le fait d'être autochtone, puisqu'on a remarqué que l'incidence de la maladie était plus élevée au sein des populations autochtones. On sait aussi que l'obésité augmente la résistance à l'insuline, c'est-à-dire qu'elle fait ingérence avec la cellule bêta, l'empêchant de bien fonctionner. Notons que l'obésité abdominale est évidente quand la taille dépasse cent centimètres.

De plus en plus, il est question du syndrome métabolique X fréquent chez les autochtones et qui regroupe différentes maladies chez la même personne : diabète de type II, hypertension artérielle, problème de mauvais cholestérol (le HDL étant bas et les triglycérides élevées) et athérosclérose, responsable des maladies cardiaques et vasculaires.

Critères diagnostiques

Le diabète peut être diagnostiqué de diverses façons. Un patient peut se présenter à l'urgence avec une glycémie très élevée et des symptômes typiques assez rares, telles une grande soif, une miction fréquente et des rages de nourriture, mais avec une perte de poids importante. Dans ce cas, le diabète est vraiment décompensé, et le cas nécessite une hospitalisation.

Une autre façon de diagnostiquer le diabète est de mesurer la glycémie par prise de sang. Si elle est à plus de deux reprises au-dessus de 7,8 mmcl à jeun, le diagnostic s'avère positif, même si le patient est asymptomatique. L'hyperglycémie orale provoquée est un test plus sophistiqué qui peut être utilisé pour confirmer le type de diabète.

Les signes avant-coureurs de diabète sont la fatigue, des douleurs un peu vagues, la vision brouillée et même des signes d'hypoglycémie; l'insuline étant mal gérée, le taux de sucre descend trop bas. Ces cas se manifestent par des étourdissements, des palpitations, des sueurs, des bouffées de chaleur, etc. Cependant, une chose très importante à retenir, c'est que le diabète peut aussi être dépourvu de symptômes, et ce, pendant plusieurs années. D'où la nécessité d'un suivi médical et d'un examen annuel.

Les complications du diabète

Une glycémie mal équilibrée, habituellement haute ou mal gérée, risque de développer des complications aiguës et de nécessiter une hospitalisation. Il faut retenir que si le diabète est dépisté tôt, il est possible de retarder les complications.

Les complications habituelles sont l'hypoglycémie (reliée à plusieurs facteurs dont les médicaments, la diète, un excès d'exercice), la confusion, les pertes de conscience et même, pour le diabète très grave, le coma; on relève aussi une incidence plus élevée d'infections urinaires, d'abcès, d'infections de la peau et d'infections à champignons. Certaines complications aiguës sont également entraînées par l'hyperglycémie, laquelle peut se manifester par une perte de conscience, de la confusion, du coma et différentes difficultés métaboliques qui obligeront le patient à se présenter à l'urgence.

Des complications tardives se produisent lorsque la glycémie reste élevée pendant longtemps sans que le diabète soit traité ni suivi. Les complications risquent alors de devenir irréversibles.

Les troubles visuels sont une autre complication du diabète. Une vision brouillée et même une perte subite de vision constituent une situation d'urgence qui nécessite l'intervention d'un ophtalmologiste, la personne développant une rétinopathie (maladie de la rétine dans laquelle les artères et les veines sont attaquées); vingt ans plus tard, la rétinopathie s'accompagne de problèmes du système nerveux central dans 80 à 90 % des cas. Ces problèmes se manifestent par des pertes ou diminutions des sensations, des engourdissements, une faiblesse musculaire, des étourdissements quand le patient se lève subitement, des palpitations, une diarrhée d'allure chronique, de l'incontinence urinaire, des infections, des bouffées de chaleur, autant chez les hommes que chez les femmes, et, chez les hommes, un phénomène d'impuissance.

L'insensibilité à la douleur est un symptôme très important, surtout au niveau des pieds. Si la personne est insensible et se fait une plaie sans en ressentir de douleur, il y a risque d'infection. Or, chez les diabétiques, les plaies sont difficiles à guérir et les complications peuvent nécessiter l'amputation.

Une complication très importante des maladies des vaisseaux sanguins se manifeste par de l'angine et des infarctus silencieux, le patient diabétique ne ressentant pas ou peu la douleur angineuse ou serratique typique à l'effort. Il peut ressentir quelque chose de désagréable à l'effort sans associer cette sensation à la douleur. C'est pourquoi les méthodes de dépistage comme l'électro-cardiogramme et le tapis roulant sont très utiles pour définir l'état cardiaque du diabétique car les problèmes d'athérosclérose sont fréquents. Par exemple, les artères bloquées aux jambes vont causer de la claudication, une sensation de crampe nécessitant l'arrêt de la marche, en attendant que la douleur diminue. Les problèmes plus graves reliés à l'athérosclérose sont les embolies et les hémorragies cérébrales.

Une autre forme de complication tardive, due à la rareté des symptômes, se situe au niveau du rein, cet organe ayant comme fonction de filtrer les urines et les déchets du corps. C'est surtout par la prise de sang, le suivi médical et les analyses d'urine que la maladie peut être dépistée. Les signes de complication peuvent être plus généraux : fatigue, nausées, vomissements. Ces symptômes ne sont pas toujours évidents. C'est pourquoi 40 à 45 % des malades développent une néphropathie qui peut aller d'une insuffisance rénale légère à prononcée. Lorsque le rein ne fonctionne plus, il faut un appareil pour faire le travail à sa place, d'où la dialyse.

Le diabète affecte également les intestins car il atteint le système nerveux et les nerfs qui entourent les intestins et qui en régissent les fonctions. Les problèmes intestinaux les plus fréquents sont la diarrhée chronique, la constipation et autres troubles digestifs.

Il faut savoir que, malgré toutes les études, parmi les personnes diabétiques les mieux suivies et avec un bon contrôle, 5 % risquent de développer des complications précoces. Car si le traitement peut maintenir le glucose stable dans le sang, on sait maintenant que ce n'est pas le seul facteur responsable. C'est pourquoi une approche plutôt globale, axée autant sur la personne que sur la maladie, doit être envisagée.

D'un autre côté, parmi les gens qui ne font pas du tout attention, une proportion de 20 % ne développera pas nécessairement de complications.

Le traitement

Le traitement concerne la maladie et les complications, les médicaments et le suivi médical. Il comporte plusieurs volets : il ne s'agit pas seulement d'usage de médicaments et/ou d'insuline et de diète. Les objectifs métaboliques doivent être respectés : la glycémie à jeun doit se maintenir si possible entre 4 et 7 mmcl par litre.

Pour lui permettre de mesurer à domicile son taux de glycémie, on dote la personne d'un glucomètre. Le but est de développer chez elle des habiletés psychomotrices qui vont l'aider à prendre conscience de sa santé, à améliorer sa prise en charge de soi-même et son estime de soi. La personne peut même en venir à ajuster son médicament elle-même. C'est l'idéal, mais c'est une démarche à long terme.

Le traitement regroupe différentes étapes. La diète est importante; cependant, il faut non seulement bien manger, mais également perdre du poids, manger moins de sucre concentré, moins de gras et augmenter l'ingestion de fibres qui présentent l'avantage de diminuer l'absorption des sucres. On recommande aussi de diminuer l'ingestion d'alcool, sinon de s'abstenir complètement. Il est également important de faire des exercices réguliers, ce qui a pour effet, en plus de diminuer le poids, de donner une sensation de bien-être.

L'information et la sensibilisation aident le patient à accepter sa maladie. Ce qui est particulier chez les autochtones, c'est que, en plus de vivre un deuil face aux changements de mode de vie et d'avoir à demeurer dans les réserves, l'annonce de la maladie apparaît comme une impossibilité de mener une vie normale. Apprendre à un autochtone qu'il doit modifier ses habitudes de vie à cause du diabète le contraint à un deuil supplémentaire et l'amène à une remise en question de tous les aspects de sa vie. C'est une dimension dont il faut absolument tenir compte dans le soutien du patient.

D'autres facteurs métaboliques doivent également être considérés : un taux normal de cholestérol, une bonne pression et un poids santé. Les facteurs de risque cardiovasculaires doivent également être contrôlés, le diabète étant associé à des maladies cardiaques fréquentes.

On voit souvent de jeunes diabétiques faire des crises cardiaques. Il leur faut alors diminuer le taux de cholestérol, soit par des diètes ou des médicaments, stabiliser la pression artérielle, obtenir un bon poids santé, encourager l'exercice régulier et maintenir la glycémie stable et normale autant qu'il est possible. Le tabagisme est évidemment à proscrire.

Il faut savoir que les facteurs associés au diabète ne sont pas tous modifiables. Tel est le cas du sexe et de l'hérédité.

L'approche chez les autochtones

Pour ajuster adéquatement le traitement, il est important de voir comment la maladie affecte la personne dans les divers aspects de sa vie.

En plus des notions spécifiques se rapportant au traitement, il est nécessaire de renseigner le malade sur l'apprentissage des habiletés psychomotrices. Il importe donc que le patient soit vu régulièrement pour assurer un bon suivi tout en respectant son autonomie, dans un contexte d'évaluation globale.

Dans ce but, considérons les points cardinaux du « cercle de guérison », qui touche tous les aspects de la personne : l'aspect mental, physique, spirituel et social. Le cercle de guérison symbolise ainsi l'interdépendance qui donne unité et puissance. Selon les principes définis par le cercle, il est important que la personne développe ses différentes habiletés, pour s'aider à se traiter. Si l'on considère les valeurs traditionnelles à privilégier, il y a le trappage, la chasse et la pêche, de même que le mode de vie en forêt. Mais il faut aussi tenir compte des valeurs de base que nos grands-parents utilisaient pour faire face à des conditions de vie beaucoup plus difficiles que les nôtres : la sagesse, la force, l'énergie, l'ardeur, l'enthousiasme, l'amour de la vie et de l'entourage.

La personne atteinte de diabète sentira également le besoin de régler ses problèmes personnels, car le fardeau supplémentaire imposé par des problèmes quotidiens comme la violence familiale peut être un obstacle au traitement. Pour parvenir à l'équilibre souhaité, il lui faudra développer de la confiance, de la discipline et une forme d'introspection, afin de trouver par elle-même les moyens pour être bien dans sa peau et régler des conflits de longue date.

Les principes que j'ai retenus depuis que je travaille dans ce domaine, c'est que le diabète est un des symptômes du changement de mode de vie des autochtones. On peut comprendre qu'il est difficile de changer un comportement acquis depuis quelques générations. En ce qui concerne les habitudes alimentaires et la sédentarité, il faut être patient et avoir des objectifs réalistes, faciles à atteindre dans un temps précis. Il faut toujours retenir comme principe que l'impact de la maladie et de son traitement sur les activités de l'individu est très important, et qu'il touche également l'entourage, la famille et la communauté.

Comment le patient vit-il sa maladie par rapport à sa famille? Comment sa famille la voit-elle? Toutes ces questions sont importantes, et il faut constamment évaluer la motivation profonde et la confiance qui entrent en ligne de compte dans la guérison, et aider les patients à suivre le traitement en vue de stabiliser leur glycémie. Cependant, de plus en plus, grâce aux programmes offerts, des progrès se manifestent. Mais il faut un suivi constant. Il y a également beaucoup de travail à faire pour renforcer l'estime de soi chez les patients.

Les services de santé

Les communautés et les centres de santé sont très sensibilisés à l'approche communautaire, thérapeutique et préventive, mais en milieu amérindien, les méthodes d'information pour des groupes nombreux sont plutôt inefficaces : peu de personnes se présentent aux réunions. Par contre, les rencontres par petits groupes semblent plus appréciées : des personnes convoquées, une proportion de trois sur cinq s'y présentent. On peut alors les renseigner, les sensibiliser et voir quels sont leurs problèmes réels face au diabète.

Les rencontres individuelles sont également appréciées. Les programmes de centres de jour établis à une date précise ne fonctionnent pas très bien, car il faut vraiment aller au rythme de la personne concernée. Quand le patient est prêt mentalement, c'est à ce moment qu'il faut intervenir et être disponible. Et une fois qu'il se sent bien et en confiance, il peut avoir le goût de changer des choses.

Pour permettre d'évaluer si un patient suit bien son traitement, une méthode facile a été développée par un médecin en santé communautaire, le docteur Alain Rochon. C'est la méthode SVP (« Savoir, Vouloir, Pouvoir »), qui peut être appliquée à toutes sortes de problèmes de santé, mentale ou physique.

Ainsi, par rapport à une maladie ou à un état de santé, il faut d'abord se demander si le patient comprend ce qui est en cause. Quelles sont ses perceptions face à la maladie? Quelle connaissance en a-t-il? Lui a-t-elle été bien expliquée, et dans des mots simples? Une relation de confiance a-t-elle été établie avec la personne ressource? Le patient connaît-il les traitements, les complications, les conséquences? Comment sait-il les prévenir?

La deuxième chose à évaluer, c'est ce que le patient attend des services de santé. S'il doit se responsabiliser face à sa maladie, il est également en droit d'attendre des choses de son médecin. Après lui avoir bien expliqué ce qu'il doit savoir, je lui demande : « Maintenant, *qu'attends-tu de moi?* Es-tu intéressé à ce que je te renseigne? *Et toi, qu'es-tu prêt à faire?* » Sa motivation doit être évaluée à plusieurs reprises, en tenant compte des impondérables qui viennent ponctuellement perturber les dispositions du patient face à sa maladie.

Une autre question à examiner est si le patient a les capacités cognitives pour bien gérer son traitement, si les solutions proposées sont bien claires pour lui et si elles sont compatibles avec ses conditions de vie actuelles. Le suivi se fait sur deux plans : le plan correctif, c'est-à-dire les méthodes et techniques applicables à son cas (que ce soit la prise du taux de glycémie ou l'examen des pieds), et le plan affectif.

Comme le nombre des intervenants est assez important dans le traitement du diabète, j'aimerais parler de l'approche « CADEAU » proposée par le docteur Rochon. Dans cette approche, le message à livrer, pour aider le patient à modifier ses comportements, doit tenir compte des éléments suivants :

- Il est important, au sein de l'équipe de travail, d'adopter les mêmes objectifs et les mêmes comportements que face aux patients. Il faut également savoir se remettre en question par rapport à ses propres comportements et à ses préjugés. Est-on à l'aise avec la maladie? Sait-on de quoi on parle? Peut-on aborder facilement certains problèmes avec les patients, comme l'alcoolisme et la toxicomanie? A-t-on peur des mots?

- Il faut accueillir le patient sans le bombarder d'informations, l'accepter avec son vécu et ses expériences, de même qu'avec ce qu'il connaît déjà. Il faut l'aider à mettre en valeur toutes les facettes de sa vie, à découvrir ses vrais besoins, à reconnaître les situations de blocage et à abandonner ou adopter d'autres comportements.
- Il faut aussi, enfin, respecter et accepter les choix de la personne concernée. Comme intervenant, on peut avoir des objectifs très élevés, mais puisqu'il est question de consentement éclairé, il importe que la personne connaisse toutes les conséquences de ses choix. Il faut également informer l'individu sur les ressources disponibles dans les réserves et hors des réserves et lui apprendre à les utiliser adéquatement : associations, numéros de téléphone, possibilités d'abonnements et formation disponible à l'extérieur de la communauté.

Les moyens prônés par l'approche CADEAU sont réalisables à l'intérieur d'une équipe multidisciplinaire. L'idéal serait une équipe composée d'infirmiers, infirmières, médecins, psychologues, travailleurs sociaux et pharmacien. Une diététiste à temps complet serait également nécessaire afin de pouvoir offrir à la clientèle des recettes attrayantes de santé et même enseigner la cuisine à des familles qui pourront donner l'exemple à leurs enfants. Car l'objectif global est aussi de responsabiliser la personne diabétique à l'égard de sa famille et de ses enfants, dans le but de prévenir l'obésité chez les jeunes.

L'équipe de sensibilisation doit être crédible, compétente, adaptable aux besoins du patient et à ses problèmes quotidiens. Elle doit être disponible et à l'écoute afin que la communication ne soit pas unilatérale et, en outre, être affable et utile dans ses interventions.

Tout cela est possible dans une équipe de travail communautaire cohérente, orientée vers un même objectif et qui s'ajuste pour trouver la méthode idéale, en utilisant différents types de rencontres. Il faut suivre le rythme du patient et tenir compte du fait qu'il n'est pas nécessairement prêt aux rencontres communautaires, aller le chercher tout en lui communiquant une ardeur, un enthousiasme qui lui donne le goût de changer ses habitudes et d'acquérir des comportements sains.

Donc, le patient diabétique qui se prend en charge doit être une personne bien informée, qui identifie et prévoit les problèmes possibles, qui sait où obtenir de l'aide, qui observe les recommandations de traitement et de suivi, qui fait souvent des visites au centre de santé, qui utilise adéquatement son glucomètre, gère bien tous les autres aspects de sa vie et prend les moyens pour se sentir confiant et positif.

Si le diabétique gère bien sa maladie, il lui sera plus facile de traiter les autres problèmes de la vie. S'occuper de soi et augmenter son estime de soi avant de chercher à aider les autres est le moyen essentiel qui permette au patient d'envisager une vie meilleure. En ce sens, il n'est pas étonnant que le diabète, en raison de sa complexité, soit à lui seul une opportunité de développer des programmes d'éducation.

Prévention

Deux types de prévention doivent être envisagés : d'abord la prévention primaire, qui s'applique avant même que la maladie se développe, par l'éducation des jeunes face au problème de l'obésité et à l'importance de bien manger pour avoir un poids de santé; la prévention secondaire qui, lorsque la maladie a été détectée, emploiera les moyens pour retarder les complications et assurer une qualité de vie qui soit la meilleure possible.

Ces programmes d'éducation, qui touchent les changements de comportement et l'aspect global de l'individu, doivent être appliqués à différents problèmes, que ce soit l'alcoolisme, la toxicomanie, les problèmes de santé mentale et autres problèmes de santé physique. Pour le tabagisme, par exemple, citons l'exemple de Manawan où les gens ont compris que ce qu'il faut mettre en évidence, c'est vraiment l'estime de soi, mais aussi qu'il faut responsabiliser les gens et leur donner des charges qui les motivent à veiller sur leur santé.

La légende de Kaanihaashuwaat[1]

Il y a très longtemps, bien avant qu'arrivent les hommes blancs sur le territoire de l'Indien, le peuple cri était fort et en bonne santé; tous chassaient et trappaient en abondance.

Le Grand Esprit, Maître de la Vie, était fier du peuple cri car tous étaient heureux et capables de vivre en harmonie avec la Nature de la façon qu'il leur avait enseignée. Le Grand Esprit leur avait appris à prendre de la terre seulement ce dont ils avaient besoin pour survivre et à ne pas abuser de la nourriture.

Mais un jour, Kaanihaashuwaat, le meilleur chasseur connu dans tout le territoire cri, revint les mains vides à son camp, après être allé chasser pendant sept jours. Le peuple cri sut alors qu'il y aurait famine et manque de vivres parce que nul n'était meilleur chasseur que Kaanihaashuwaat.

Alors, le Conseil se rassembla et permit au peuple de manger en plus grande quantité tout ce que chacun pouvait trouver, surtout la graisse animale qui leur donnerait plus d'énergie pour survivre aux dures périodes de famine.

Une nuit, Kaanihaashuwaat eut un rêve étrange. Il rêva d'une petite île flottante qui semblait s'approcher de la côte. Sur cette île, il y avait des arbres, des êtres vivants et beaucoup de nourriture; des aliments que Kaanihaashuwaat n'avait jamais vus.

Comme la coutume le voulait, il alla consulter les grands sages de la tribu à propos de ce rêve étrange mais les sages ne pouvaient y saisir la moindre signification. Cependant deux jours plus tard, tôt le matin, se produisit un événement qui expliqua le rêve... Les gens du village trouvèrent une île flottante tout près du rivage. Ils purent y voir des arbres et quelques animaux étranges apparaissant à travers ce qui leur paraissait des branches.

Les hommes du village prirent alors leur arc et leurs flèches et se ruèrent vers le bord de l'eau afin de tuer ces animaux pour avoir de la nourriture. Mais une fois près du bord, ils s'arrêtèrent, étonnés et surpris de constater que les animaux étranges étaient en réalité des hommes blancs. Ce qu'ils avaient pris pour une île flottante avec des arbres était plutôt un grand bateau avec des mâts.

Un homme souriant s'approcha du rivage dans son canot et tendit une nourriture bizarre à Kaanihaashuwaat. L'homme parlait un langage que nul ne comprenait.

Kaanihaashuwaat et les grands sages réalisèrent alors que le rêve était une vision. Mais les sages, n'ayant pas eu la vision, ne pouvaient interpréter ce qu'il adviendrait dans le futur. Ils se consultèrent et décidèrent qu'ils n'avaient pas le choix : il fallait que le peuple apprenne à connaître cette nourriture de l'homme blanc étant donné que la leur se faisait rare.

Le peuple cri finit par comprendre que la nourriture bizarre était du lard,

---

1 Légende traduite et légèrement modifiée par Johanne Philippe, médecin.
Source : *Diététique en action*, vol. 3 n° 5, 1989, p. 21-22.

du sucre, de la farine et de la mélasse. Ils apprirent comment la préparer et l'apprêter. Ils comprirent aussi que le lard était de la graisse animale et que, comme le Grand Esprit l'avait déjà dit, cela leur donnerait plus d'énergie que les autres types d'aliments.

Le peuple cri adopta progressivement ces aliments comme partie intégrante de sa diète, afin d'éviter de mourir de faim.

Plusieurs années plus tard, *l'arrière-petit-fils de Kaanihaashuwaat, Sidney*, entendit parler de cette vision par son père qui l'avait apprise lui-même de son père... Sidney était réputé pour son talent d'excellent trappeur dans sa communauté, un talent acquis de génération en génération.

Le plus grand plaisir de Sidney était d'aller chasser avec sa famille, mais il ne pouvait pas le faire aussi souvent qu'il l'aurait voulu parce qu'il était atteint d'*une maladie appelée diabète.*

Sidney n'était pas le seul à ralentir son rythme de vie à cause de sa santé fragile. Beaucoup de gens de son peuple étaient malades. Sidney espérait cependant faire comme son arrière-grand-père et redonner l'espoir à son peuple. Il se mit à réfléchir dans ce but.

Une nuit, il rêva qu'il était en train de chasser et qu'il était attiré par un bruit, une espèce de chant. Il descendit près du rapide et, de là, il put voir très clairement un ours se tenant sur un rocher. L'ours chantait.

Sydney raconta le rêve à son père qui lui dit :

> Mon fils, tu as été honoré par une vision. Ton arrière-grand-mère est sans aucun doute en train d'essayer de t'envoyer un message, mais tu dois laisser son esprit venir à toi. Ton arrière-grand-mère avait le don de guérir et avait acquis la force de l'esprit par le biais de l'ours. Cet ours qui entonnait un chant spirituel dans ton rêve était un signe qu'elle voulait lui dire quelque chose à propos de sa santé.

Son père lui dit enfin de chanter chaque nuit le chant spirituel qu'il avait entendu dans le rêve afin d'encourager l'esprit à venir.

Sidney porta attention aux instructions de son père et attendit impatiemment que vienne un nouveau présage.

Sept jours plus tard, il fit un autre rêve. Son arrière-grand-mère lui apparut toute vêtue d'une splendide robe en peau de caribou, brodée de couleurs vives. Une petite patte d'ours pendait à son cou. Chaque mouvement de son corps était gracieux, fluide, harmonieux. Elle commença à parler lentement et doucement.

> Mon garçon, je suis envoyée à toi par ce très Grand et très Bon Esprit, le Maître de la Vie. Il sait que tu partageras avec les autres ce que je te dirai aujourd'hui.
>
> Le mode de vie que tu mènes aujourd'hui est très différent de celui que nous menions dans le temps. Jadis, nous avions besoin de manger beaucoup de nourriture et de gras afin d'emmagasiner des calories pour la survie, en prévision des longues périodes difficiles de famine. En ce temps-là, nous dépensions beaucoup plus de calories et d'énergie dans toutes nos activités quotidiennes, alors qu'aujourd'hui les denrées ne

sont pas rares et ton peuple n'a pas besoin de dépenser autant d'énergie car la vie est différente et, d'une certaine façon, plus facile. Maintenant, les calories emmagasinées se transforment en graisse et s'accumulent dans ton corps sans être dépensées. Cet excédent en gras devient menaçant pour ta santé et augmente ainsi le risque de développer des maladies telles que : le diabète, l'hypertension et les maladies cardiaques. Au lieu de rendre ton corps fort et résistant, en mangeant trop de nourriture et d'aliments gras, tu es en train de le détruire.

Il faut que ton peuple retrouve le courage, l'ardeur et la détermination d'autrefois, afin d'accepter que ces maladies ne se guérissent pas mais se contrôlent. Il doit apprendre à conserver sa santé avant tout le reste car la santé demeure la valeur universelle la plus importante pour tous. C'est la responsabilité de ton peuple de donner l'exemple des bonnes habitudes à ses enfants afin d'empêcher ou de ralentir la progression de ces maladies dans les communautés autochtones.

Donc, il faut reconnaître que les habitudes de survie de tes ancêtres ne sont plus adaptées au mode de vie d'aujourd'hui...

La première étape pour prévenir ces maladies et empêcher la détérioration de ta condition physique, c'est de te débarrasser de l'excédent de gras dans ton organisme et de viser un poids normal, ce qui représente le plus important traitement chez une personne diabétique.

Tu peux faire cela de la façon suivante :

- en coupant sur la quantité d'aliments que tu manges, ce qui veut dire manger un peu moins de tout;
- en buvant moins d'alcool, car l'alcool prédispose à des maladies et contient beaucoup de calories. Évidemment, il est beaucoup mieux de cesser la consommation d'alcool!
- en éliminant autant de gras que possible de ta diète; les aliments qui contiennent beaucoup de gras sont les chips, les frites et tous les aliments cuits dans la friture, le lard, le beurre, la graisse d'oie ou d'ours, le gras autour de la viande ou dans les bouillons, bref, tout gras de source animale. Ceci serait un énorme début. Comme le Grand Esprit nous l'a déjà dit, la graisse est la classe d'aliments qui donnent le plus de calories. Donc, si tu ne dépenses pas beaucoup d'énergie, tu as moins besoin de cette catégorie d'aliments. D'autres types d'aliments que les graisses peuvent te donner suffisamment d'énergie à dépenser;
- en mangeant plus de fruits (pamplemousses, oranges, pommes, poires, framboises, fraises, bleuets, kiwis) et surtout des légumes (pois, fèves, haricots, épinards, carottes, navets, brocolis, courgettes, choux, laitue, tomates, poivrons, etc.);
- en coupant les sucres qui se digèrent rapidement comme les bonbons, les tartes et les gâteaux, les biscuits, le chocolat, les crèmes glacées, les sucreries, chips, liqueurs et peanuts et en coupant les aliments « fast food »;
- en cessant de fumer;
- en faisant plus d'exercices (marche, course, danse, sports d'équipe, raquette, patinage, ski de fond, natation, bicyclette, conditionnement physique; marcher plutôt que

> prendre la voiture, monter les escaliers, faire du ménage, étendre son linge sur la corde plutôt que d'utiliser la sécheuse, etc.). L'exercice va non seulement te faire dépenser l'énergie (les calories) que tu as en trop, mais il t'apportera une belle sensation de bien-être physique et mental. S'habituer à marcher davantage est déjà un bon départ.

Puis, la resplendissante arrière-grand-mère laissa son arrière-petit-fils avec le plus important des messages :

> La Santé est le plus beau cadeau de la vie; dans la maladie, tu ne peux apprécier la vie dans toute sa splendeur.
>
> C'est ta responsabilité et celle de chacun des membres de ta communauté de prendre soin de sa santé parce que personne d'autre ne peut le faire à ta place .
>
> Chacun doit semer l'espoir, la force, l'encouragement, des idées positives autour de lui, l'estime de soi, l'amour, le respect, le partage, la profondeur, les belles valeurs afin de se sentir utile, valorisé, aimé et en sécurité. De cette façon, chacun finira bien par récolter ce qu'il a semé : la joie de vivre.

En s'éveillant, Sidney s'informa davantage au sujet de l'obésité et de la santé. Puis il partagea ses connaissances avec son peuple. En même temps, il commença lentement mais graduellement à changer ses habitudes alimentaires et, avec tout l'exercice qu'il fit en se promenant partout, à promouvoir des habitudes de vie saines.

Sidney a perdu sans aucun problème l'excès de poids qu'il avait porté durant plusieurs années. Son diabète fut alors beaucoup mieux contrôlé et il se sentit si bien, si débordant d'énergie qu'il mit encore plus d'emphase et d'enthousiasme à partager ses connaissances parce qu'il pouvait maintenant ressentir en lui-même tout le bienfait de son changement de comportement. L'Esprit est venu en lui et il a pu mieux écouter son corps...

Sidney s'est également assuré que ses enfants mangeaient de la bonne façon, les bons aliments, afin de maintenir un poids-santé, car il savait que l'apparition de plus de la moitié des diabètes à l'âge adulte peut être prévenue en contrôlant le poids.

L'esprit de Sidney est en chacun de nous. *Notre corps et notre esprit ne demandent qu'à obtenir ce qu'ils méritent de mieux, soit des habitudes de vie saine. C'est ce que chaque être humain mérite et cela demeure un moyen accessible à tous pour préserver* LE PLUS BEAU DE LA VIE, LA SANTÉ. Il suffit d'écouter notre esprit, d'écouter notre corps.

Prends ta santé en main (ou donne la main à ta santé) et prends le contrôle sur ta vie.

La tomographie par émission de positons dans l'étude des effets de l'abus des drogues et de l'alcool sur le cerveau humain

Yani Picard*

Comme chercheur, mon rôle est celui d'un autochtone travaillant dans le domaine de la médecine nucléaire. Cependant, j'ai tenté de trouver un sujet susceptible d'intéresser l'auditoire à ma recherche en utilisant des exemples précis comme les effets de l'abus des drogues et de l'alcool sur le cerveau.

Nous verrons d'abord quels sont les principes de la tomographie par émission de positons. C'est un domaine nouveau de la science, et peu de gens en ont entendu parler à ce jour. Par la suite, je donnerai des exemples d'états mesurables au moyen de la tomographie par émission de positons, et des effets, observés sur le cerveau, de l'abus des drogues et de l'alcool.

Qu'est-ce que la tomographie par émission de positons?

« Tomographie » provient de deux mots grecs : *tomé* (section) et *graphen* (décrire). La tomographie est donc un procédé de radiographie permettant de visualiser les organes à partir de coupes et de procéder par la suite à la construction d'images en trois dimensions, comme si, après avoir séparé un saucisson en tranches, on regardait chaque tranche pour voir ce

* Yani Picard est membre de la nation huronne-wendat et étudiant au doctorat en physique nucléaire à l'Institut neurologique de Montréal.

qu'il y a à l'intérieur. Ce qui nous intéresse dans cette technique cependant, ce n'est pas la structure anatomique, mais plutôt les effets physiologiques observables.

Les positons ou positrons sont de l'antimatière, des particules qui ne se retrouvent pratiquement pas dans la nature. Les positons sont produits à partir de la désintégration de certains isotopes radioactifs présentant un surplus de protons qui se transforment en neutrons. Le résultat de cette transformation propulse un positon.

Prenons l'exemple de l'oxygène$_{15}$ qui se retrouve très rarement dans la nature. Alors qu'on y retrouve habituellement huit (8) protons et huit (8) neutrons, pour l'oxygène$_{15}$, il n'y a que sept (7) neutrons, ce qui rend le noyau instable et l'incite à produire un neutron en émettant un positon. Nous avons alors un noyau d'azote.

Les différents isotopes susceptibles d'émettre des positons sont tous produits à partir de cyclotrons, appareils évalués à deux à trois millions de dollars. Les isotopes produits servent à la physique nucléaire.

Pour obtenir une image à partir d'isotopes, lesquels sont également de l'antimatière, il faut savoir que les isotopes vont chercher à se combiner avec les électrons du milieu ambiant pour produire deux rayons gamma détectables par nos appareils.

Pour obtenir l'image d'un objet quelconque, que ce soit de l'eau, le cerveau ou tout autre objet, le produit à utiliser sera du germanate de bismuth formant anneau. Une création du positon s'établit; il voyage à environ deux millimètres à l'intérieur de l'objet étudié, rencontre un électron, se combine avec ce dernier et produit deux rayons gamma qui seront détectés par l'appareil. En enregistrant les points de détection, on peut reproduire très fidèlement l'image, avec des millions de points de coïncidence. Si le rayon gamma est absorbé, l'information est perdue; il faut donc éviter cette absorption.

La technique de tomographie par émission de positons est surtout appliquée au cerveau. Cependant, on l'applique de plus en plus pour d'autres parties du crâne. En combinant les isotopes radioactifs avec des molécules du système, on peut retrouver ces éléments et reconstruire les images.

Pour visualiser le flux sanguin cérébral par exemple, il s'agit d'ajouter du dioxide de carbone à l'oxygène radioactif, ou de l'eau avec un quart d'oxygène radioactif. Cela nous permet de suivre le déplacement de l'eau dans le cerveau et de reconstruire les images à partir de la concentration d'eau. On réussit le même effet avec le volume sanguin, l'utilisation de l'eau étant possible avec différents éléments. On peut aussi regarder, avec des composés qui ressemblent beaucoup aux neurotransmetteurs, les endroits où ces derniers se situent dans le cerveau.

Au début de ces expériences, on utilisait ces systèmes pour déceler les endroits qui étaient stimulés dans le cerveau par différentes actions comme regarder une image, identifier une personne, faire des tests auditifs, des tests de la parole, etc. Ce qui nous permettait, lorsque la personne effectuait une tâche en particulier, d'observer comment la concentration du sang ou la consommation en glucose peut être modifiée dans le cerveau. Avec la tomographie par émission de positons, on peut détecter ces changements et déterminer quels endroits du cerveau sont responsables de la tâche demandée.

Par la suite, l'appareil a été utilisé dans les cas d'épilepsie, pour déterminer l'origine des crises et également les chirurgies et ablations à effectuer. On sait maintenant qu'un des traitements de l'épilepsie est de procéder à l'ablation d'une partie du cerveau. Cependant, une étude au moyen de la tomographie par émission de positons permet de déterminer les lieux importants du cerveau, tels que le site du système moteur, et permet au neurologue de définir les zones à éviter durant la chirurgie (sites de la parole, de la mémoire, etc). Cette précaution assure au patient un comportement normal après la chirurgie.

Cette technique est utilisée pour vérifier l'évolution de tumeurs cérébrales chez les patients soumis à des traitements de radiothérapie et vérifier si la tumeur a diminué de façon satisfaisante à la suite du traitement. Un produit appelé FDG est utilisé à cet effet; il se fixe à la tumeur et permet d'en suivre l'évolution.

Le même procédé est aussi exploité dans les cas de démence, afin de visualiser l'évolution de maladies spécifiques, comme l'Alzheimer ou la maladie de Parkinson. Cette technique permet de déterminer si la personne a la maladie ou non et d'évaluer l'action pharmacologique des médicaments utilisés.

Un exemple d'étude que j'ai faite en injectant du monoxyde de carbone à l'intérieur du système sanguin de la personne a permis d'obtenir l'image du cerveau et son flux sanguin. Le monoxyde de carbone étant radioactif, il émet des positons et permet de constater la distribution du sang dans un plan du cerveau en se fixant aux globules rouges. On peut ainsi observer le sinus longitudinal supérieur, veine qui passe de côté et d'autre du cerveau.

Les effets des drogues sur le cerveau

La tomographie par émissions de positons permet d'étudier les effets des drogues sur le cerveau, de deux façons : on peut utiliser des radiotraceurs (les isotopes vus précédemment) pour sonder une transformation biochimique, par exemple vérifier à quel endroit le glucose est consommé, et examiner l'effet d'une drogue sur une réaction biochimique particulière; ou encore, on peut utiliser une drogue étiquetée pour déterminer à quel endroit du cerveau elle se loge, combien de temps elle prend pour faire effet après l'injection, et la période où ladite drogue demeure dans le cerveau.

En ce qui concerne les effets de la drogue sur le cerveau, on n'a qu'à combiner un élément radioactif avec la cocaïne, pour observer l'effet produit. La cocaïne est la drogue la plus étudiée au moyen de la tomographie par émission de positons. Cela est probablement dû au fait que l'endroit où la recherche est la plus concentrée est aux États-Unis, entre autres à New York où le problème est important.

Les résultats obtenus proviennent de l'étude des endroits de liaison dans le cerveau de la cocaïne, au moyen d'une injection intraveineuse de la drogue, à l'intérieur même du cerveau. Cette technique a permis de remarquer une distribution hétérogène dans le cerveau humain, avec un maximum d'effet dans les noyaux gris centraux. L'intervalle de temps que prend la drogue pour atteindre le maximum de concentration dans le cerveau après l'injection se situe entre quatre et huit minutes. Une vingtaine de minutes sont nécessaires pour que l'effet décroisse d'environ la moitié. On constate que l'état d'euphorie est vraiment lié à la concentration de la drogue dans le sang.

On étudie aussi l'effet produit sur le métabolisme cérébral, à partir de glucose libellé avec du $fluor_{18}$, lorsqu'une grande quantité de cocaïne est injectée. On s'est ainsi rendu compte d'une réduction du métabolisme dans les structures corticales et du fait que le mécanisme de renforcement de la cocaïne est lié à la réduction du métabolisme cérébral.

Pour vérifier l'effet de l'abus chronique de la cocaïne sur le flux sanguin cérébral, de l'eau est injectée dans le système sanguin du patient. Cette expérience nous a permis de comparer des personnes normales avec celles qui sont cocaïnomanes, chez qui on a détecté des anomalies du flux sanguin cérébral presque partout dans le cerveau, alors que nous avons des images presque symétriques du flux sanguin chez des personnes normales.

Pour une personne qui a consommé de la cocaïne et dont l'état cérébral est vérifié dans les trois premiers jours suivant l'injection de la cocaïne, on constate des manques de flux sanguin, surtout dans la partie antérieure de l'hémisphère gauche du cerveau. Il est de plus démontré que l'effet perdure au-delà de dix jours pendant lesquels le flux sanguin demeure irrégulier.

Le même genre de test a été fait dans les endroits du cerveau où la consommation de glucose est la plus élevée. On s'est rendu compte que le métabolisme cérébral diminue avec le temps, après injection de la cocaïne. Le métabolisme dans le lobe frontal est significativement plus élevé avant la première semaine de contrôle ou après un mois de désintoxication. C'est-à-dire que, après la consommation de cocaïne, l'activité cérébrale est beaucoup plus élevée pendant une semaine environ après l'administration de la cocaïne et va en diminuant avec le nombre de jours, mais ne revient pas à la normale et continue à descendre à un niveau plus bas que pour la personne qui n'a jamais consommé de drogues. Le fait d'avoir un métabolisme moins élevé amène des symptômes dépressifs.

Le phénomène le plus important d'hypermétabolisme se situe dans le lobe mytofrontal et les noyaux gris centraux qui font partie du système régulateur des comportements compulsifs et répulsifs. Puisque ces parties du cerveau sont affectées, le cocaïnomane devient consommateur compulsif. Les modifications de métabolisme sont dues à un changement sur les récepteurs de dopamine. Pour étudier ce phénomène, on a injecté du glucose et une substance radioactive comparable à la dopamine et on a noté une diminution des récepteurs disponibles même après quatre mois dans les noyaux gris centraux, ce qui favorise les comportements compulsifs pour prendre de la drogue.

L'image obtenue peut être comparée avec celle qui est produite par des sujets normaux. La substance radioactive utilisée à la place de la dopamine permet de constater qu'après un ou même quatre mois de consommation, on ne revient pas à la situation maximale observée chez les sujets normaux. Pour ce qui est de la morphine, il y a également une diminution de l'activité cérébrale. Même chose pour les amphétamines.

Les effets de l'alcool

Si l'on considère les problèmes d'alcool, le phénomène est sensiblement le même en ce qui concerne la diminution du métabolisme responsable des symptômes dépressifs. La différence observée avec l'alcool, c'est que les gens consomment de l'alcool pour de nombreuses raisons, sans qu'il y ait de sujet typique. Les résultats varient beaucoup, selon le groupe d'âge, le nombre d'années d'alcoolisme, etc. Des études démontrent que les récepteurs de dopamine du cerveau sont plus nombreux chez les sujets normaux que chez les alcooliques.

Le métabolisme diminuant avec la prise d'alcool, le temps de récupération pour rétablir un métabolisme normal change, selon les régions du cerveau, entre autres dans les noyaux gris centraux. Contrairement à ce que l'on constate pour les sujets aux prises avec la drogue, les modifications, même après soixante jours, ne sont pas encore importantes.

L'usage des solvants

Pour ce qui est de l'usage des solvants, un groupe de recherche de l'Université de Colombie-Britannique a découvert un cas d'intoxication par suite de l'absorption d'un solvant, le sujet ayant développé par après la maladie de Parkinson. Une fois l'image du cerveau obtenue à partir de la tomographie par émission de positons, on a constaté que le cerveau du patient portait les marques spécifiques de la maladie de Parkinson. Pour ce patient, l'effet des solvants a duré environ trois mois, après quoi il est redevenu normal.

Habituellement, les patients qui développent la maladie de Parkinson demeurent dans cet état pathologique pour le reste de leur vie alors que, dans le cas qui nous intéresse, c'était la première fois que la maladie de Parkinson était induite et que l'effet s'avérait temporaire.

Conclusion

Il nous est possible de déclarer que la tomographie par émission de positons est une approche intéressante pour comprendre les mécanismes du cerveau qui sont responsables de l'absorption et de l'abus des drogues. Cette technique permet de déterminer les conséquences des drogues sur le métabolisme du glucose, et d'étudier leurs effets *in vivo*, comparativement à la dissection qui s'effectue alors que les personnes sont décédées.

La tomographie par émission de positons, bien que relativement nouvelle, est extrêmement utile pour comprendre les mécanismes de toxicité, de renforcement et d'assuétude des drogues.

La santé mentale

Francine Jourdain*

La raison qui nous a incités à ouvrir une clinique de santé privée consacrée aux problèmes de santé physique et mentale des autochtones est que nous souhaitions répondre aux besoins incessants des gens de notre communauté.

Le portrait de la situation actuelle en santé mentale est alarmant. Les gens des réserves vivent une détresse énorme causée par différents facteurs.

Durant mon expérience de sept ans comme clinicienne, ma pratique a consisté à 85 % en cliniques psychologiques et en consultations individuelles. Un de mes grands intérêts est de réaliser des thérapies auprès de la clientèle adolescente, car il y a très peu de ressources pour aider les jeunes en difficulté.

Définition de la santé mentale

Avant de situer le problème de la santé mentale sur un plan général, j'aimerais mentionner que la santé mentale se définit comme un état d'équilibre et d'harmonie dans lequel la personne se sent fondamentalement heureuse. Autrement dit, quand on a une bonne santé mentale, on se sent bien dans sa peau et on est capable de réagir sainement face à des situations habituelles, qu'elles soient difficiles ou faciles. On entretient aussi des relations positives avec son entourage, sa famille, mais aussi vis-à-vis de la société dans laquelle on habite.

Contexte historique

Si on considère le point de vue historique, en 1867, le gouvernement a élaboré une loi qui s'appelle l'*Acte de l'Amérique du Nord britannique*. Cette

* Francine Jourdain est montagnaise et détentrice d'une maîtrise en psychologie et en orientation de l'Université Laval. Elle participe aux travaux de recherche du Comité sur la santé mentale et est fondatrice d'Innu Minniunemun, entreprise de thérapie en santé physique et mentale.

loi stipulait que les autochtones seraient dorénavant sous tutelle fédérale et démontrait que le gouvernement se préoccupait des autochtones. Cet acte avait pour but de protéger les autochtones contre eux-mêmes et d'amener ainsi une acculturation systématique des autochtones, en leur démontrant que leur manière de parler, d'éduquer leurs enfants n'était pas la bonne, que leurs valeurs spirituelles étaient basées sur du charlatanisme. Il fallait également les éduquer dans la religion de la société dominante et les protéger de leur médecine traditionnelle, car cette médecine n'était pas soumise à des principes scientifiques et elle pouvait s'avérer dangereuse pour leur propre santé. Une publication appelée *La Santé mentale et les Autochtones du Québec*[1] à laquelle j'ai participé est parue en français et en anglais sur le sujet...

Avant 1867, les autochtones menaient la vie qu'ils voulaient bien mener. Ils avaient leur mode de vie, vivaient de chasse, de pêche et de culture, dépendamment des régions du Québec ou d'ailleurs, et éduquaient leurs enfants de la manière qu'ils avaient toujours apprise, selon le mode de vie traditionnel.

Du jour au lendemain, les autochtones se sont trouvés catapultés dans un milieu de vie restreint sans qu'on les initie aux circonstances de leur nouvelle vie. Ils ont subi et subissent encore beaucoup de pressions; ils ont été bafoués dans leur dignité et dans leur estime d'eux-mêmes et dans le sentiment qu'ils avaient d'être quelqu'un. Cette loi a encore un impact important sur notre propre génération. Quand ma mère par exemple me raconte que, dans sa jeunesse, elle a été l'objet de moqueries parce qu'elle s'exprimait dans notre langue, qu'elle a été l'objet de moqueries à cause de sa façon de se vêtir, ça me fait mal encore aujourd'hui.

C'est important de souligner l'importance du contexte historique, car du jour au lendemain, apprendre que sa langue n'est pas la bonne et qu'il faut complètement la changer, que sa façon de voir le monde est totalement erronée était extrêmement débilitant. Vous pouvez comprendre toute la détresse et la dégradation qui peuvent s'ensuivre sur la santé mentale des gens.

Problèmes d'acculturation

Quand on parle d'acculturation, il y a l'acculturation dite évolutive qui fait partie de l'évolution normale d'une société. Ce type d'acculturation amène les anciennes valeurs à céder la place à des valeurs nouvelles. Mais dans l'exemple amérindien, nous avons affaire à une acculturation systématique.

Cet état de fait a occasionné des blessures transgénérationnelles amenant un abus d'alcool et de drogues (médicaments, solvants), et une

1 *La Santé mentale et les Autochtones du Québec*, par B. H. Petawabano, É. Gourdeau, F. Jourdain, A. Palliser-Tulugak et J. Cossette (Gaëtan Morin éditeur et Comité de la santé mentale du Québec, Boucherville, 1994).

situation de violence et de suicides. Les deux cent soixante personnes rencontrées en consultation en font état.

Tout phénomène d'abus doit être considéré comme un symptôme de grande détresse, une souffrance extrême. Il y a sept ans, nous pouvions considérer que les gens trouvaient dans les abus un soulagement et une diminution de tension temporaires. Cependant, cela s'est avéré être un cycle sans fin. Ainsi, l'utilisation de l'alcool, par exemple, pour trouver un certain état de bien-être, amène un besoin répétitif, car l'apaisement est temporaire.

Les situations malheureuses vécues dans le passé demeurent présentes à la mémoire : violence familiale, abus sexuels, enfants mal aimés, les parents ayant trop de problèmes, etc.

Réhabilitation mentale

L'étude sur la santé mentale et le besoin de spiritualité nous laissent percevoir que le manque de valeurs spirituelles collant à la réalité de l'individu crée un état permanent de souffrances. Quand on est en colère, la foi en quelqu'un de supérieur permet d'outrepasser sa colère et laisse la place à la capacité de pardonner. Cette foi est un support dans les difficultés et les situations difficiles, car elle permet d'entrevoir une lumière devant soi.

Les facteurs socio-économiques sont également une cause de souffrance : les Amérindiens sont sans emploi dans une proportion de 60 à 70 %, d'où perte de l'estime de soi. La personne se sent inutile à son entourage et à sa société. La santé mentale doit ainsi être considérée dans une optique très large, car l'individu vit dans un contexte qui l'influence. Les conditions socio-économiques très difficiles sont en partie dues à la loi de 1867 qui perdure.

Certains Québécois reconnaissent la situation difficile des autochtones : une reconnaissance des torts causés pourrait amener un certain apaisement chez les autochtones et contribuer à leur permettre de retrouver leur dignité et leur estime d'eux-mêmes.

Le problème des consultations est qu'elles sont le plus souvent tardives et les situations trop détériorées. Une prévention aux niveaux primaire et secondaire doit nécessairement s'organiser, impliquant les conseils de bande, dans le but de mettre la priorité sur la santé mentale.

L'Association des femmes autochtones a elle-même dénoncé des situations de violence extrême, nous incitant à penser qu'il faut commencer à concevoir et à élaborer des politiques nationales de santé mentale et à éliminer une trop grande tolérance dans les communautés. Dans le même sens, l'Association Mamit Innuat et la communauté de Betsiamites ont depuis quelques années mis sur pied des programmes visant à une efficacité immédiate. Le principal but de ces conseils est de redonner à l'autochtone le pouvoir de mener sa vie comme il l'entend, par des activités éducatives et des

Formation autochtone en milieu universitaire

L'expérimentation d'une démarche constructiviste dans le cadre d'une formation logico-mathématique

Carole Côté*

Avoir accès à des études universitaires est une chose. Cheminer et grandir à l'intérieur de ces études est tout autre. Tel est le constat auquel tout étudiant est confronté. Un tel cheminement ne s'effectue pas sans difficulté, surtout si une fois pour toutes on croyait, enfin, avoir la chance de ne plus se soumettre aux règles et au langage de la mathématique.

Bien souvent méprisée par certains étudiants, la mathématique n'a jamais cessé de faire l'objet non seulement de critiques quant à sa rigueur et à son utilité mais également de projections phobiques. La « mathophobie » est ce terme auquel certains auteurs ont recours[1] pour signifier que, parmi les phobies potentielles, il y en aurait une qui concernerait plus spécifiquement la mathématique. La peur de la mathématique serait-elle à ce point dévastatrice? Là n'est pas la question que nous aborderons tout particulièrement.

---

* Carole Côté est chargée de cours et étudiante au doctorat en sciences de l'éducation à l'Université du Québec à Chicoutimi.

1 Linda Gattuso et Raynald Lacasse, *Les mathophobes : une expérience de réinsertion au niveau collégial. Montréal,* Cégep du Vieux-Montréal, 1986.

Notre objectif est plutôt de mettre en évidence la viabilité et la faisabilité d'une approche constructiviste dans le cadre d'une formation logico-mathématique afin que s'effectue chez les participants une démarche de construction de la pensée et du raisonnement, sachant qu'antérieurement cette démarche a peut-être été inhibée ou freinée, pour quelque raison que ce soit.

Serait-ce dû à cette crainte de revivre l'époque où l'on a dû faire encore et encore des problèmes de mathématique? Serait-ce parce que, pour y parvenir, il fallait apprendre par cœur des règles et des formules préétablies, sous prétexte qu'elles sont indispensables pour accéder à la logique, et ce, même au risque de les appliquer sans les comprendre? Ou peut-être est-ce tout simplement parce qu'il y a longtemps que le raisonnement n'a pas de la sorte été mis à l'épreuve?

Bien qu'il s'agisse là d'un questionnement tout à fait intéressant et qu'un bilan sur notre formation antérieure en mathématique s'impose au début d'une formation du genre, nous nous attarderons aux différentes phases susceptibles de produire un changement dans la pensée logico-mathématique et la démarche qui l'anime. Tel est le mandat qui m'a été confié pour cette table ronde : partager ma conception, comme professeure chargée de cours, de l'expérience vécue auprès des communautés amérindiennes lorsque ses membres sont appelés à effectuer un tel changement ou, du moins, à mobiliser leur raisonnement logico-mathématique.

Je préciserai d'abord que la formation dont je suis responsable auprès des communautés amérindiennes n'équivaut pas à un simple cours d'appoint en mathématique, puisqu'il s'agit fort bien d'un cours intitulé « construction logico-mathématique » C'est le seul du genre à notre connaissance, puisqu'il sous-tend l'idée que *la logique mathématique est quelque chose qui se construit* et que cette idée va à l'encontre des conceptions et des pratiques voulant qu'il existe une logique unique et unifiée : la logique mathématique, celle à laquelle il faut accéder à partir d'un savoir préexistant et extérieur à nous, comme les opérations sur les nombres, la mesure, le calcul de l'aire ou du volume, et ainsi de suite.

Contrairement à cette perspective empirico-réaliste[2] soutenant l'idée que les concepts et les opérations mathématiques sont transmissibles et qu'ils doivent être assimilés de la sorte pour que se développe alors la pensée logique, nous souscrivons à une perspective constructiviste selon laquelle la logique est quelque chose qui se construit à partir de sources qui nous sont intérieures et se consolident réciproquement par notre réflexion et nos actions. Suffit-il d'être mis au courant de la possibilité d'une certaine logique, de son existence et de son applicabilité pour développer la nôtre? Certainement pas.

---

2 La perspective empirico-réaliste constitue un modèle philosophique où domine l'idée que la connaissance est issue d'un savoir objectif existant déjà dans la réalité, et que pour y accéder, il faut en tout temps chercher à neutraliser la subjectivité du sujet.

« L'information informe, mais ne forme pas », disait un jour un maître à penser en la matière[3].

C'est cette idée que je tenterai d'élaborer à travers l'expérience tirée du cours de construction logico-mathématique, vous informant des différentes étapes qu'il est possible de franchir grâce à une telle formation, formation qui s'adresse utilement à une clientèle amérindienne, mais qui profite également à ceux et celles qui ont le désir de *comprendre toujours davantage ce que penser veut dire.*

Première phase

La première phase constitue un mouvement de déstabilisation parfois inévitable. Les différents exercices mathématiques suggérés au début du cours provoquent souvent une prise de conscience sur les connaissances « apprises » antérieurement en mathématique. À partir d'une approche interrogative et individualisée sur le sens des règles et des formules utilisées pour effectuer ces exercices, certains en arrivent à dire que, s'ils ont tant de difficulté à y parvenir, c'est qu'on ne leur a pas permis de trouver la signification de la démarche qu'ils effectuent. D'autres, qui ont moins de difficulté, en viennent à la conclusion que ce n'est pas parce qu'ils utilisent une démarche correcte qu'ils savent pour autant pourquoi cette démarche est bonne et pourquoi telle ou telle formule est appropriée.

Pourquoi, par exemple, dans une multiplication à plus d'un chiffre dans les deux termes, faut-il en seconde étape tasser la réponse d'un chiffre vers la gauche pour que le calcul soit juste?

Exemple :

$$\begin{array}{r} 36 \\ \times\underline{12} \\ 72 \\ \underline{36} \end{array}$$

Pourquoi, lorsqu'on additionne ou soustrait des fractions ayant des dénominateurs différents, faut-il en trouver un qui soit commun aux deux? Quel est le sens même de la fraction?

Exemple :

$1/2 + 1/4 = 3/4 = 3 \div 4 = 0{,}75 = 75/100$

Pourquoi, lorsqu'on multiplie ces fractions, n'avons-nous qu'à procéder directement en multipliant ensemble les numérateurs d'une part et les dénominateurs d'autre part, alors que lorsqu'il s'agit de les diviser, il faut inverser la seconde fraction et effectuer l'opération en procédant par la

3 En l'occurrence, Jean Auger (UQAC), à qui revient l'idée et l'initiative d'expérimenter un tel cours («construction logico-mathématique») dans une perspective constructiviste.

multiplication?

Exemple :

1/2 x 1/4 = 1/8; 1/2 ÷ 1/4 = 2

Pourquoi, dans certains cas, c'est le plus (+) qui l'emporte sur le moins (-), alors que dans d'autres cas c'est le moins qui l'emporte sur le plus?

Exemple :

+6 + -3 = +3 ; -6 + +3 = -3

Un moins multiplié par un plus, ça donne bien un moins? Pourquoi est-ce ainsi?

Exemple :

-6 x 3 = -18

Évidemment, tout cela mobilise la pensée et le raisonnement, mais provoque également une certaine angoisse ou du moins une certaine forme de résistance face à l'idée de devoir s'exprimer et justifier la compréhension véritable que l'on a de tels concepts ou de telles opérations mathématiques. Le constat qui en résulte paraît difficilement acceptable : toutes ces études pour en arriver là!

Un tel constat ne se produit pas uniquement chez les Amérindiens mais il est largement admis par bien des gens. Il s'agit d'un fait répandu à notre époque où presque tous nous avons hérité d'un savoir mathématique axé sur cet allant-de-soi que, pour développer notre raisonnement, il suffit d'appliquer et de mémoriser les règles de la logique.

En contrepartie, la démarche consiste alors à s'interroger sur la manière de recréer une forme de circulation de sens, puis à décristalliser cette idée que la logique appartient aux règles de la mathématique et à ceux qui en font. En réalité, la logique fait aussi partie de ce qu'il y a naturellement en nous. Que ce soit en pensée ou en gestes, par rapport à notre façon d'interpréter le monde qui nous entoure et d'agir sur ce dernier, cette logique est telle qu'elle s'exerce, conformément ou non aux règles instituées formellement en mathématique ou ailleurs.

Deuxième phase

Voilà une façon d'amorcer une seconde phase, un second mouvement de la pensée et même de l'agir, puisque se réconcilier avec ce que nous savons et la façon dont on raisonne ou agit, c'est le seul moyen de prendre conscience qu'il y a des choses en nous qui font que nous sommes ainsi, que nous comprenons les choses ainsi. Cette seconde phase consiste, en d'autres mots, à chercher comment il se fait que nous sachions ce que nous savons.

Par exemple, *nous avons tous une perception de la quantité* développée dès l'enfance. Cette notion de quantité est quotidiennement exprimée par les termes que nous utilisons : *encore, plus du tout, un peu, assez, beaucoup, énormément, toujours, jamais, ajouter, enlever, partager ou diviser.* L'abondance de ces termes nous rappelle à quel point la quantité est véhiculée partout et non pas seulement en mathématique. De plus, « elle peut aussi bien représenter l'abondance, l'aisance, la puissance et la richesse, que la rareté, la pauvreté, l'impuissance et le vide »[4].

Il y a aussi en mathématique *un principe fort important; celui de l'égalité.* Mais comment accepter et comprendre le sens de cette égalité (=) si on ne perçoit autour de soi que de l'injustice[5] ? *Plus grand que, plus petit que*; « c'est le plus grand qui mange le petit » dira-t-on, pour expliquer en première année le sens des symboles mathématiques (<) (>) qu'il est convenu d'utiliser dans un tel cas. À notre époque, l'inégalité est particulièrement ressentie de façon perturbante. Chacun se sent opprimé par son travail, par le gouvernement, par les impôts ou les différents programmes à respecter; opprimé par les autres qui revendiquent des droits, des normes, des valeurs; opprimé par le besoin de gagner de l'argent et la peur de perdre ce qu'il a. Que dire de la violence, de la concurrence et de la réussite à tout prix?

Que l'égalité puisse exister malgré tout, si ce n'est que mathématiquement, cela est une bonne chose. Découvrir cela revient à découvrir qu'en fin de compte l'équilibre existe et qu'il peut en être ainsi dans nos relations avec les autres, dans les gestes que l'on pose et ceux qui s'effectuent à notre égard, dans notre vie intérieure via ce qui se passe à l'extérieur.

Pensons également aux notions liées à l'appartenance, à la mesure et au partage, aux puissances, à ce que sont les bases dans la numération et la recherche de la valeur de l'inconnu en algèbre. On se rend compte que la logique mathématique se construit bel et bien et qu'elle n'est pas dissociable de la manière dont on perçoit ou conçoit les choses. Cette manière de percevoir ou de concevoir est aussi indissociable de l'expérience. Les actions de réunir ou d'ajouter, de soustraire ou d'enlever, de faire des groupements ou de multiplier et de partager originent non pas d'une logique extérieure mais intérieure, qui se manifeste en très bas âge dès le moment où nos sens et notre motricité se développent.

Évidemment, cette expérience n'est pas la même pour tous, individuellement et culturellement parlant. Mais c'est de là qu'il faut partir pour que prenne forme cette *circulation de sens* initiale à toute tentative nouvelle. Laisser émerger les conceptions qu'entretiennent les individus sur l'expérience qu'ils ont de la quantité ou de l'appartenance et de bien d'autres concepts de la mathématique n'est pas facile à réaliser et à gérer, puisque

4 Jean Auger, « Analyse des facteurs qui influencent la construction de la langue mathématique ». *Revue des sciences de l'éducation*, vol. XV, n° 1, 1988, p. 3-21.

5 Luisiane Weyl-Kailey, *Victoire sur les maths.* Paris, Robert Laffont, 1985.

l'acceptation ou la réconciliation avec soi-même nécessite un effort important sur le plan mental. Bien qu'il s'agisse là d'une solution intéressante, il importe également d'expérimenter des situations mobilisatrices du raisonnement.

C'est à cette étape, une fois la pensée suffisamment mobilisée et souple, qu'il est possible de laisser entrevoir et d'expérimenter des avenues jusque-là laissées pour compte, c'est-à-dire à l'aide de certains exercices mathématiques, mais cette fois en passant par la démonstration personnelle d'une compréhension véritable, construite et non seulement apprise.

Ainsi, pour certains, il peut s'agir d'approfondir et de se représenter le sens qu'ils accordent à une notion ou une opération de leur choix, comme celle liée au partage par exemple, alors que pour d'autres, il s'agit d'en faire la démonstration d'une compréhension véritable par le biais d'une démarche construite à travers des activités de manipulation, de représentation et de calcul associés. Le travail peut être effectué seul ou en équipe et même faire l'objet d'une enquête auprès de certaines gens.

Certains enseignants et enseignantes de carrière peuvent tirer un grand profit d'une telle démarche, puisque leur travail consiste précisément à faire en sorte que cheminent leurs élèves et à veiller à ce que ce cheminement relève d'une démarche de construction et non pas simplement d'une activité de reproduction ou de mécanisation. Il est évident que, pour y arriver, il faut savoir en quoi consiste une démarche de construction et en avoir expérimenté le processus. Il s'agit en outre de chercher à comprendre ce qui se passe dans le raisonnement de l'enfant qui effectue une opération donnée et d'expérimenter, par la suite, une approche d'enseignement compatible avec un tel raisonnement.

Troisième phase

Voilà en quoi consiste cette dernière phase, c'est-à-dire la mise à l'essai de conceptions nouvelles et d'une démarche qui se construit peu à peu par la possibilité confirmée de cheminer vers d'autres avenues et le pouvoir d'exercer son raisonnement. Voilà ce que signifie, en bref, expérimenter une démarche constructiviste en logico-mathématique.

Finalement, après quarante-cinq heures de cours et parfois plus, notre mandat de formateur prend fin. Bien que certains participants et participantes fassent part avec enthousiasme qu'il s'est passé quelque chose de grand en eux, nous avons rarement l'opportunité d'évaluer les résultats de notre enseignement au-delà du temps de formation, alors que le test ultime s'effectue véritablement en dehors d'un tel contexte, c'est-à-dire dans l'expérience quotidienne de la vie. En outre, si une certaine forme de circulation de sens a pu être rétablie et qu'une démarche liée au raisonnement a pu être revue et réamorcée, c'est l'essentiel pour qu'une fois la formation complétée chacun des participants et participantes soit en mesure de reconnaître et d'accepter que ce qu'il y a en eux est ce qui les anime sur cette terre.

« La principale raison d'être de l'être humain, rappelait récemment Henri Laborit[6], n'est-elle pas justement celle qui consiste à être? » « Évidemment, puisque, sans quoi, il n'y aurait pas d'êtres », dit-il.

Bref, une telle expérience n'est jamais qu'un seul souvenir, puisqu'elle contribue à animer ce qu'il y a de fondamental en nous : nous.

6 Henri Laborit, « Éducation à quoi? Enseignement de quoi? Information pourquoi? » dans Robert Féger (dir.), *Pédagogie et thérapie. Convergence des chemins*. Québec, Presses de l'Université du Québec, 1991, p. 3-26.

Achevé d'imprimé en février 1997
sur les presses de
Veilleux Impression à Demande inc.
Boucherville

P

Ce recueil comprend seize communications présentées lors d'un colloque organisé par le Centre d'études amérindiennes de l'UQAC et tenu en mai 1995 dans le cadre du congrès de l'ACFAS dont l'hôte était l'Université du Québec à Chicoutimi.

Dix des communications ont été présentées par des chercheurs d'origine amérindienne. Les sujets abordés touchent différents aspects des préoccupations des Amérindiens: négociations territoriales et droits autochtones, perspectives psychosociales, femmes et sociétés autochtones, santé physique et mentale.

D'autres communications présentent des recherches dans les domaines de l'éducation, de l'histoire et de l'ethnologie.

20 $

Recherches amérindiennes au Québec
6742, rue Saint-Denis
Montréal (Québec)
H2S 2S2

9 782920 366206

ISBN 2-920366-20-3

DATE DUE
